KB032385

# 사이언스툰 과학자들 1

김재훈 지음

# 사이언스툰 과학자들 1

## 아리스토텔레스부터 갈릴레이까지

# 책을 시작하기에 앞서

현대 사회는 과학이라는 이름 아래 모든 것이 설명된다고 해도 과언이 아닙니다. "과학적이다" 또는 "과학적이지 않다"라는 말 한마디로 모든 것이 판단되거나 설명되곤 합니다. 사람들은 은하계 너머의 먼 우주는 고사하고, 태양계에 속한 비교적 가까운 행성조차 직접 볼 수 없습니다. 그래도 과학자들이 계산한 별들의 운동 법칙을 신뢰하고 허블망원경이 전송해 준 사진을 믿어 의심치 않습니다. 어떠한 논쟁에서도 과학적이고 실증적인 근거를 많이 제시하는 쪽이 결국 승자가 되는 걸 당연시합니다.

오늘날 과학은 중세 서구 세계의 인식을 지배했던 계시의 로고스와 비교해도 그 권위가 결코 뒤지지 않습니다. 과학적 이성이 19세기를 지나 20세기를 관통하면서 세계관과 인류의 영혼에까지 침투하는 가공할 위력을 발휘할 때, 후설 같은 몇몇 철학자들은 실증주의에 천착하는 사유의 위험을 경고하기도 했습니다. 그러나 이미 대세는 기울었습니다. 대중은 관념이니 선험이니 하는 철학보다 스마트한 과학을 선택했습니다. 과거, 생각하는 철학자들이 사유의 일부분으로 다루었던 자연철학이 학문의 옥좌를 차지한 것입니다.

현대 사회에서는 종교도 비과학적이라는 이유로 비판받기도 합니다. 종교보다 과학이 우선하는 시대죠. 하지만 종교가 과학보다 우선이던 시대가 있었습니다. 오로지 신의 말씀과 그 대리인 격인 성직자의 가르침을 신뢰하고,

과학을 비종교적이고 비합리적이라는 이유를 들어 비난하거나 조롱하던 시대가 아주 멀리 있었던 것은 아닙니다. 그 시간 속에서 많은 사상가는 철학자이자 과학자였고, 투사이기도 했습니다. 고대의 자연철학자들부터 20세기 과학자들에 이르는 일화를 소개하는《사이언스툰 과학자들》은, 어쩌면 세계의 원리와 현상을 이해하는 자신들의 방식을 알리기 위해 지난한 투쟁의 세월을 겪고 끝내 학문의 주역이 된 이들의 연대기일지도 모르겠습니다.

과학보다는 인문학에 더 친숙했던 사람이 과학 이야기를 그린다는 것이 쉬운 일은 아니었습니다. 하지만 나와는 전혀 상관없을 것 같던 과학을 역사와 인물로 접근하니 이야기로 풀어갈 수 있다는 자신감이 생겼습니다. 그래서 이 책이 탄생하게 되었습니다.

앞으로 여러분은《사이언스툰 과학자들》에서 오늘의 과학 세계를 만든 50명의 과학자를 시대 순으로 차근차근 만나게 될 것입니다. 1권에서는 기원전 5세기부터 16세기에 이르기까지 9명의 과학자가 여러분을 기다리고 있습니다. 인류사에서 과학이라는 학문의 기틀이 마련된 이후 처음 근대적 혁신이 이루어진 분야는 바로 천문학과 물리학이었습니다. 코페르니쿠스, 케플러, 갈릴레이 같은 과학자들이 오랜 세월 건재했던 천동설을 거부하고 지구와 태양의 위치를 재배치했고, 훗날 확립될 운동역학의 토대를 다졌지요. 교과서에서 익히 만나왔지만 정작 자세히 알지는 못했던 과학자들이 주인공이 되어 자신의 이야기를 직접 들려줄 텐데요. 건조하기만 했던 여러 이론과 법칙이 나와 비슷하고도 다른 '인간'들의 삶 속에서 탄생하는 순간을 마주하다 보면, 과학이 전과 달리 좀 더 친근하게 느껴질 것입니다. 그럼 지금부터 2,500년 과학사를 추동해 온 위대하고도 인간적인 과학자들을 함께 만나러 가봅시다.

2023년 9월

김재훈

"모든 진리는 일단 발견하기만 하면 이해하기 쉽다.
중요한 것은 진리의 발견이다."

**— 갈릴레오 갈릴레이**

오랜 세월 요지부동이었던

지구를 돌리기 위해 과학자들은

거센 반발을 마주해야 했지만,

과학의 원리는 간결하게 표현할 수

있어야 한다는 분명한 소신을

굽히지 않았습니다.

# 차례

# 01
# 2,000년의 상식

## 아리스토텔레스

Aristoteles (B.C. 384~B.C. 322)

고대 그리스의 철학자. 체계적이고 방대한 연구로 근대에 이르기까지 대부분의 학문 분야에 큰 영향을 미쳤다. 특히 자연과학 분야에서 우주관, 운동관, 물질관, 동물학 등의 틀을 설계했다.

오늘날 과학적 세계관을 구성하고 있는
지배적인 지식으로 뉴턴의 고전역학,
맥스웰의 전자기학, 아인슈타인의 일반상대성이론
그리고 양자론 등을 꼽을 수 있습니다.
이들의 역사는 길게는 300여 년에서
짧게는 수십 년에 지나지 않고,
또 계속해서 새로운 국면을 맞고 있습니다.
하지만 아리스토텔레스의 지적 체계는 무려
2,000년 넘게 인류 지성의 역사 위에 군림했습니다.
그리고 그 일부는 우리의 상식과 경험의 세계에서
여전히 유효합니다.

아리스토텔레스라는 이름은 지금도 전 세계 대학의 다양한 전공 수업에서 반드시 한 번은 등장합니다.

기원전 4세기에 아리스토텔레스는 거의 모든 학문 분야를 집대성했고,
직관으로 이해하고 추론하는 과학적 세계관을 완성했습니다.

생전에 뭐 했어?
지구의 정신을 만들었다고!

철학을 비롯한 논리학, 윤리학, 예술 같은 인문 분야에서 그의 사상은 지금도 수명이 다하지 않은 학문적 토론과 연구의 대상입니다.

아리스토텔레스가 제시한 인식의 열 가지 범주에 해당하지 않는 예를 들어보게.
저는 아리스토텔레스 안 좋아합니다.
그럼 F학점을 받게.

아리스토텔레스는 자연과학 분야에서도 근대를 전후로 수세기 동안 과학자들이 넘어야 할 산과 같은 존재였습니다.

내가 지금 아리스토텔레스의 이론 하나를 박살냈다니까.
이제 과학책에 당신 이름 나오겠네?

헬레니즘 시대를 지나 로마의 흥망, 이슬람 문화권의 확대
그리고 중세에 이르기까지 문명의 역사에서 아리스토텔레스의 지성을
총체적으로 위협할 만한 사상가는 단 한 명도 나타나지 않았고,

아리스토 형님한테 대들어 볼 사람 있나?
나서지 말자….

중세에는 전설적인 가톨릭교회의 아버지 토마스 아퀴나스가, 아리스토텔레스의 철학과 세계관을 기독교 교리와 융합함으로써 신학의 집대성을 이루며 학계 최고의 권위자로 군림했습니다.

주님, 아리스토텔레스 형님 덕분에
우리 기독교가 좀 더 있어 보이게 되었습니다.

자연과학 분야에서 그가 설계했던 지식의 틀로는
크게 우주관, 운동관, 물질관, 동물학 등이 있습니다.

빠트린 거 없지?
문과를 석권하고 천문학, 물리학, 화학, 생물학까지?
혼자서 종합대학 세우셨네.

아리스토텔레스의 과학은 철학을 포함한 모든 학문보다 신학이 우위에 있던 시대에도 지식인과 일반인 모두가 기독교 교리와 더불어 신뢰한 세계관이었습니다.

신의 피조물이 살고 있는 지구가
당연히 우주의 중심!
그럼! 세계에서 가장 똑똑했던
아리스토 형님도 그랬다니까.

근대에 이르러 실험과 관측으로 얻은 실증적 증거들이 받아들여졌을 때,
비로소 유럽인들은 과학의 현장에서 2,000년간 근면했던
아리스토텔레스의 영혼을 놓아주었습니다.

아리스토 형님, 송구하지만 이제부터
지구는 돌도록 하겠습니다.

맨 먼저 혁신이 이루어지고 새로운 지식으로의 교체 과정이 가장 험난했던 분야는 우주론이었습니다.

문제 제기합니다.
코페르니쿠스
네가 더 문젭니다.
브라헤
너희들 혼 좀 나야겠다.
교황
루터
갈릴레이
저 형님 말이 맞습니다.
교황은 악당이지만
너희들은 혼 좀 나야겠다.
케플러
다 따져봤더니 내 말이 맞습니다.

아리스토텔레스는 달을 기준으로 우주를 지상계와 천상계로 나누었습니다.

이 땅에서 달까지는 불완전한 인간의 영역이고,
달 너머로 천구까지는 완전한 신의 영역이야.
우리는 어느 영역이래?

천상계는 지구를 중심으로 완전한 원을 그리며 등속운동을 합니다.
물론 그 원운동에는 행성들뿐 아니라 태양도 포함됩니다.

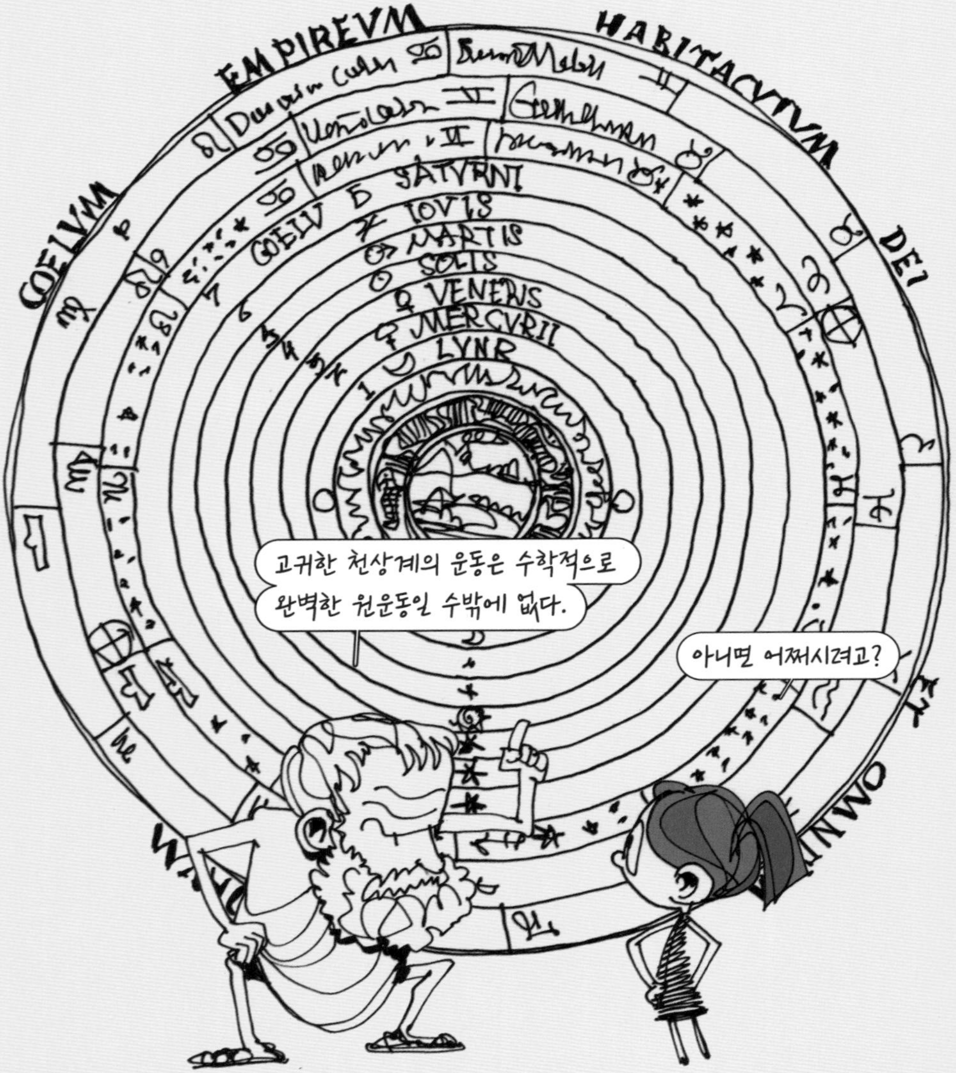
EMPIREVM
SATVRNI
IOVIS
MARTIS
SOLIS
MERCVRII
고귀한 천상계의 운동은 수학적으로 완벽한 원운동일 수밖에 없다.
아니면 어쩌시려고?

이후 프톨레마이오스는 아리스토텔레스의 천동설을 이어받아 나름대로 관측하고 계산한 사실들을 짜 맞추고 정리해서 책으로 남겼습니다.

지구가 중심에 있는 천체 모형을 어떻게든 설명하려고 최선을 다했다네.
아닌 걸 아닌 줄 알지 못하니까 힘이 들 수밖에.

천동설은 실제 태양계운동과는 상반되는 이론이지만 망원경으로 일일이 관측하면서 생활하지 않는 한 경험과 상식에 부합했습니다. 게다가 딱히 불편하지도 않았습니다.

어지럽냐?
아니.
거 봐라. 지구는 안 돈다니까.
너
천재지?

지구가 공전하기 때문에 관측되는 사실들을 이론적으로 설명하기 위해 천동설 모형이 복잡해지기는 했지만 학자들은 이해할 만했고,

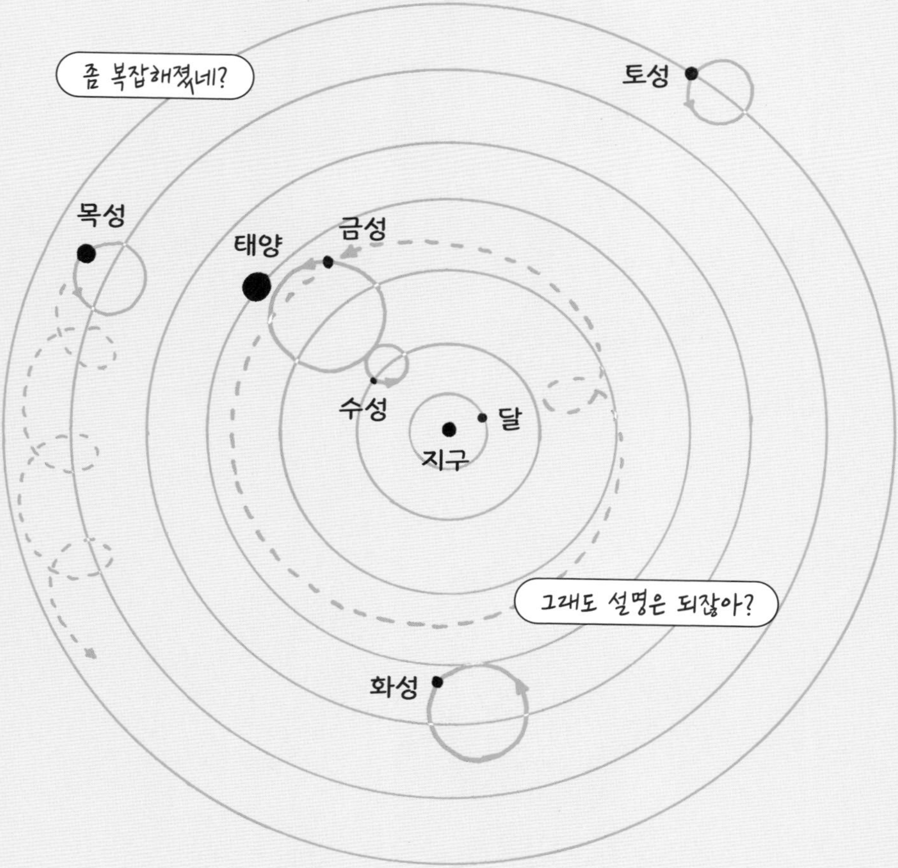
좀 복잡해졌네?
토성
목성
태양
금성
수성
달
지구
그래도 설명은 되잖아?
화성

교회 지도자들은 계속 만족했으며, 일반인들은 전혀 상관하지 않았습니다.

됐어, 됐어! 지구만 안 돌면 돼!

어지럽지 않아?
너 또 술 먹었니?

상식적 우주관이었던 천동설은 1543년 코페르니쿠스의 도전을 받았고, 논란이 거듭되다가 요하네스 케플러의 새로운 우주 모형이 완성되면서 과학사의 뒤안길로 사라졌습니다.

자! 이제부터 자리 바꿔서 돌겠습니다.
원 아니고 타원입니다.

아리스토텔레스에게는 지상의 물리 법칙도 우주관의 연장선이었습니다.
그는 불완전한 지상 세계의 운동을 시작과 끝이 있는
직선운동이라고 보았습니다.

자연 운동은 위에서 아래로 떨어지는 게 기본이지.
저 새는요?
저놈도 돌 맞으면 뚝 떨어진다.

그리고 낙하하는 물체는 무거울수록 더 빨리 떨어진다고 생각했고 갈릴레이가 반론을 입증할 때까지 모두 그렇게 믿었습니다.

하나, 둘, 셋 하고 동시에 뛰어내려 볼까?
왜?
과학을 위해!

아리스토텔레스의 과학 이론 중에서 우주론처럼 오랜 부침을 겪었던 분야는 물질관이었습니다.

만물의 근원이 무엇인가…. 아주 오래된 질문이지.
코는 왜 후비셔?

고대 그리스의 자연철학자들은 우주의 만물이 무엇으로 이루어져 있는지를 두고 나름대로 한마디씩 했습니다.

물이여.
공기라니까.
불이다.
나다!
탈레스
아낙시메네스
헤라클레이토스

그중에서 아리스토텔레스의 마음에 든 것은 엠페도클레스가 주장한 네 가지 원소설이었습니다.

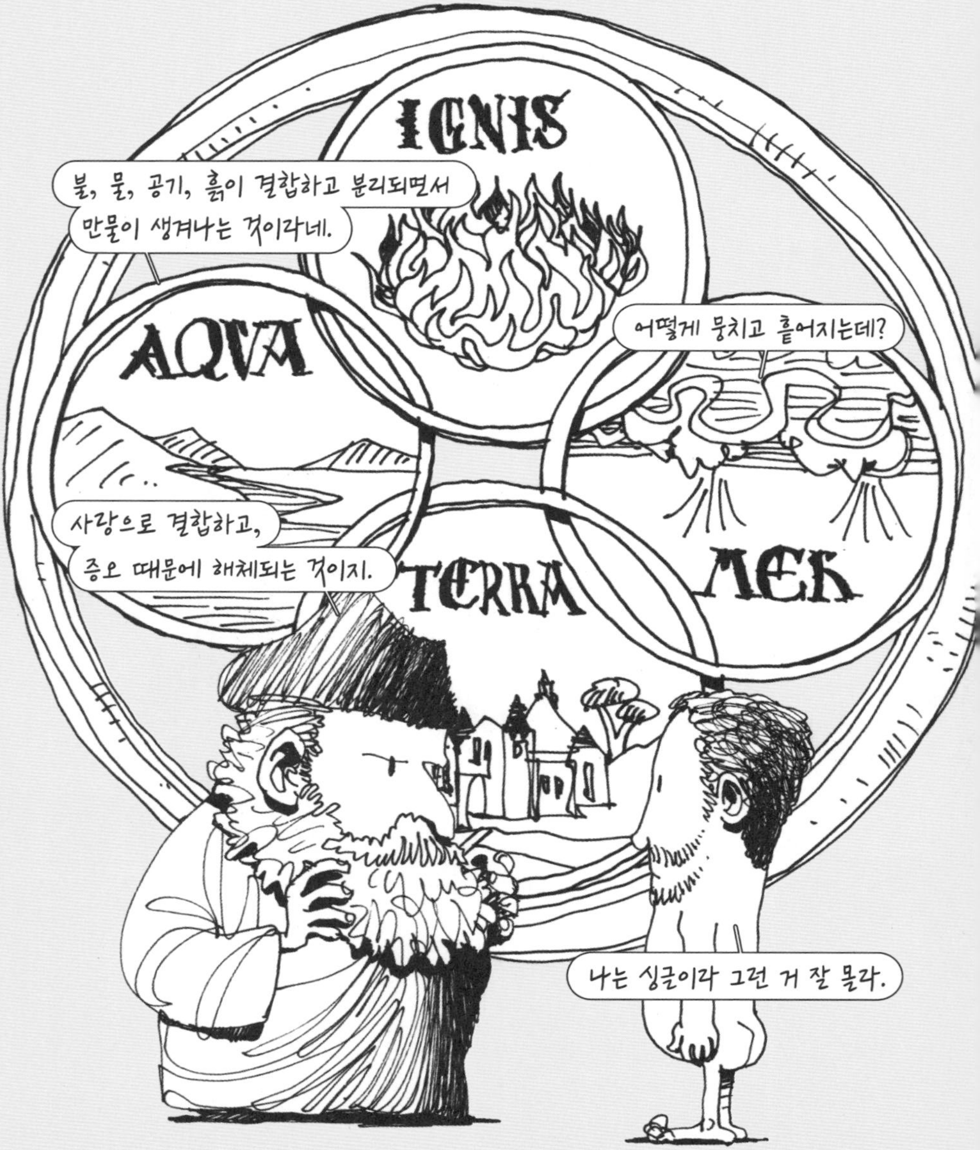
IGNIS
불, 물, 공기, 흙이 결합하고 분리되면서 만물이 생겨나는 것이라네.
AQVA
어떻게 뭉치고 흩어지는데?
사랑으로 결합하고, 증오 때문에 해체되는 것이지.
TERRA
AER
나는 싱글이라 그런 거 잘 몰라.

아리스토텔레스는 네 가지 원소에 상응하는 성질을 덧붙여 4원소설을 리모델링 했습니다. 근본 물질들이 각각의 성질과 조합하여 생성되고 소멸하는, 지상계의 물질 변화를 설명했죠.

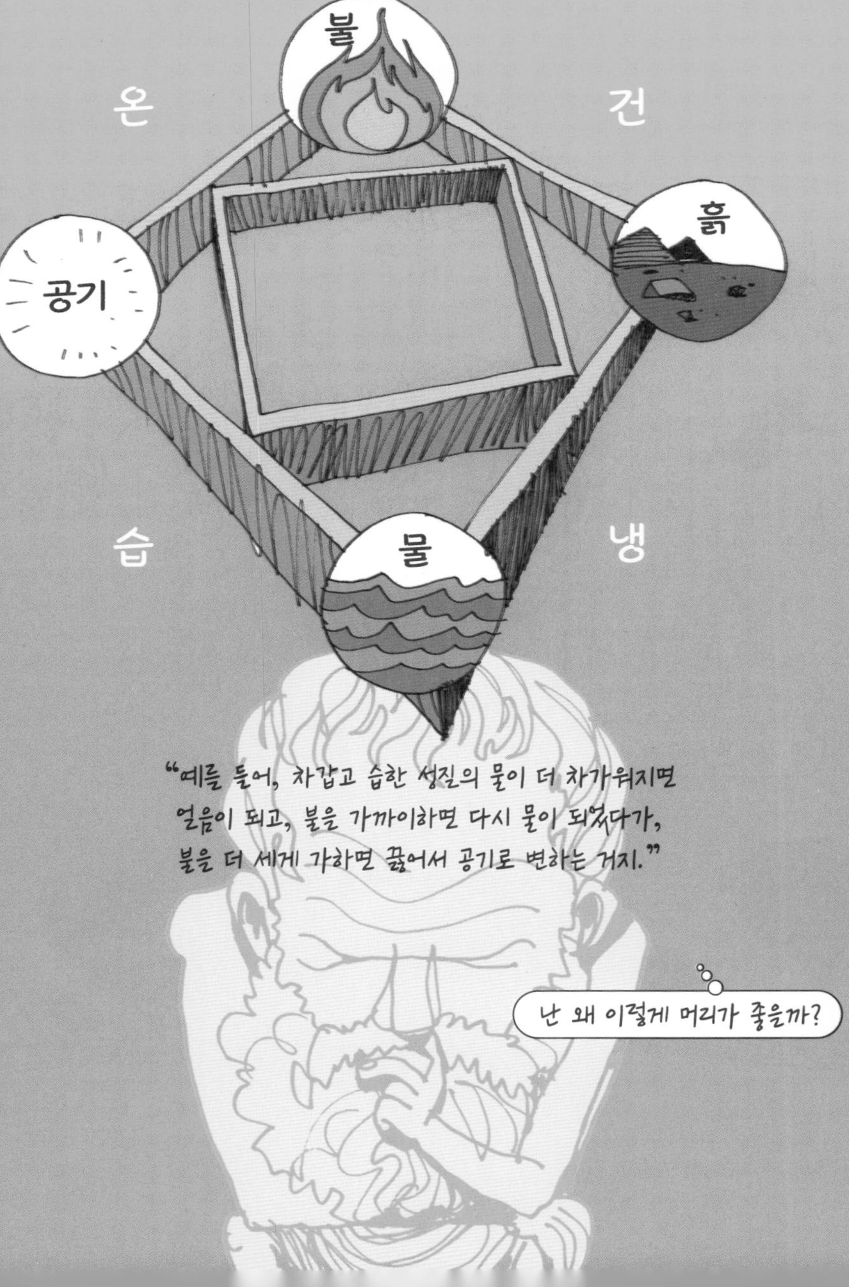
불
온
건
공기
흙
습
물
냉
"예를 들어, 차갑고 습한 성질의 물이 더 차가워지면 얼음이 되고, 불을 가까이하면 다시 물이 되었다가, 불을 더 세게 가하면 끓어서 공기로 변하는 거지."
난 왜 이렇게 머리가 좋을까?

그리고 무게에 따라 물질의 계급과 있어야 할 자리를 정했습니다.

가벼운 원소는 위로, 무거운 원소는 아래로 향하는 것.
그러니까 불이 맨 위, 그 아래로 공기, 물, 흙 순서겠지?
불 위에는 뭐가 있습니까?
불 위에는 천상의 물질 제5원소!

4원소설은 이후 물질의 변화를 연구하는 화학자들과 그들의 조상 격인 연금술사들을 자극했고, 많은 실험 기구를 탄생시켰습니다.

호기심, 창의력, 열정, 집념 그리고
실험 기구로 뭘 만들 수 있을까?
술이다!!

아리스토텔레스의 물질 체계에 대한 믿음이 허물어진 것은,
불이 원소가 아니라는 사실이 밝혀지면서였습니다.
불은 물질이 산소와 결합하는 '연소 과정'이었죠.
공기 또한 한 가지 근본 물질이 아닌 산소와 질소 등
여러 원소의 혼합 상태라는 것도 알려졌습니다.

물질이 아니라 현상이잖아?
불 제외!
공기도 제외!

물질의 결합과 분리, 변화에 관한 연구가 육안으로 보는 상식의 범위를 넘어서면서 물질관에서도 아리스토텔레스의 권위는 근대 화학에 자리를 내주었습니다.

이제부터 분자, 원자를 연구하는 거다!
John Dalton
앞으로 물리학이랑 많이 겹칠 테니까 분발하도록!
그래도 과학의 꽃은 뭐니 뭐니 해도 화학 아니야?
학장님 전공이 꽃이지.

아리스토텔레스가 동물을 540종으로 분류한 것은
18세기 칼 폰 린네의 생물 분류 체계가 나올 때까지 유용했습니다.

우리한테까지 눈길 주시고….
어찌나 세심하신지….
난 투 플러스 등급?
꿀.

천문학자, 물리학자, 화학자, 생물학자 들은
아리스토텔레스를 과학의 무대에서 퇴장시키는 과정에서
각 분야의 혁명가 혹은 아버지가 되었고
세계를 비추는 이성의 조명을 밝히기 시작했습니다.

아리스토텔레스의 틀린 점을 발견했어요!
나도 하나 발견했어요!
난 두 개 발견했어요!

오늘날 과학에서 아리스토텔레스가 설 자리는 없지만,
엄밀하게 관찰하거나 계산하지 않는 한 우리의 경험은 여전히
그의 견해에 부합합니다.

과학적인 눈으로 볼 때 말이지….
물이란 게 산소와 수소가 공유결합 한 분자들이
수소결합 한 물질이란 걸 딱 보니 알겠군.
그거 소주다.

아리스토텔레스는 사람들이 경험하고
이해하는 현실 위에 광범한 지식을 쌓아 올린
'상식의 과학자'였습니다.

내가 지금 뭐 하고 있는지 직관으로 추론해 봐.

# 02

# 원자의 추억

## 데모크리토스

Democritos (B.C. 460?~B.C. 370?)

고대 그리스의 철학자. 물질주의에 바탕을 둔 고대 원자론을 정립했다. 우주가 최소 단위 입자인 원자와 텅 빈 공간으로 이루어져 있다고 생각했다.

아리스토텔레스가 고대 그리스 시대에서 중세 말까지
약 2,000년간 유럽 지성사의 맹주로 군림하는 동안
데모크리토스의 원자론은 깊은 잠에 빠져 있었습니다.
하지만 근대의 서광이 과학의 세계를 비추자,
아리스토텔레스는 주 무대에서 밀려나고
오래전 데모크리토스가 직관으로 상상했던
미시적인 물질계가 주목받기 시작했습니다.

원자(atom)는 '더 나눌 수 없는 물질의 최소 단위'라는 가설과 함께 등장했지만,

요걸로 질량 보존의 법칙*이랑
일정 성분비의 법칙*을 설명할 수 있어.
데모크리토스
진작에 난 원자로 세상 만물을 설명했지.
존 돌턴

* **질량 보존의 법칙**
화학반응에 사용된 물질은 반응 전과 후의 질량 총합이 항상 일정하다.

* **일정 성분비의 법칙**
화합물을 구성하는 각 원소들의 질량비는 항상 일정하다.

과학자들은 원자 속으로 더 깊이 들어가 새로운 입자들을 발견하고 그 원리를 추적했으며, 지금도 그 연구는 계속되고 있습니다.

원자가 문제가 아니랍니다!
전자에, 원자핵에, 양성자에, 중성자에, 쿼크에….
문제투성이라는 소리네?
노벨상이 널렸다는 소리지.

20세기 이후 현대 과학에서 원자 단위의 물질계와 그보다 더 미시적인 영역에 관한 탐구 없이 과학을 한다는 것은 불가능할 정도입니다.

노벨상을 받고 싶나?
예!
그럼, 더 쪼개.
옙!

하지만 1803년 영국의 화학자 존 돌턴이 근대적 의미의 원자론을 제기했을 때 서양 과학계는 그 이론을 선뜻 받아들이지 못했습니다.

물질은 더 이상 쪼갤 수 없는 원자로 구성되어 있답니다.
원자? 한번 볼까? 가져와 봐.

이유는 간단했습니다. 볼 수 없기 때문이었습니다.

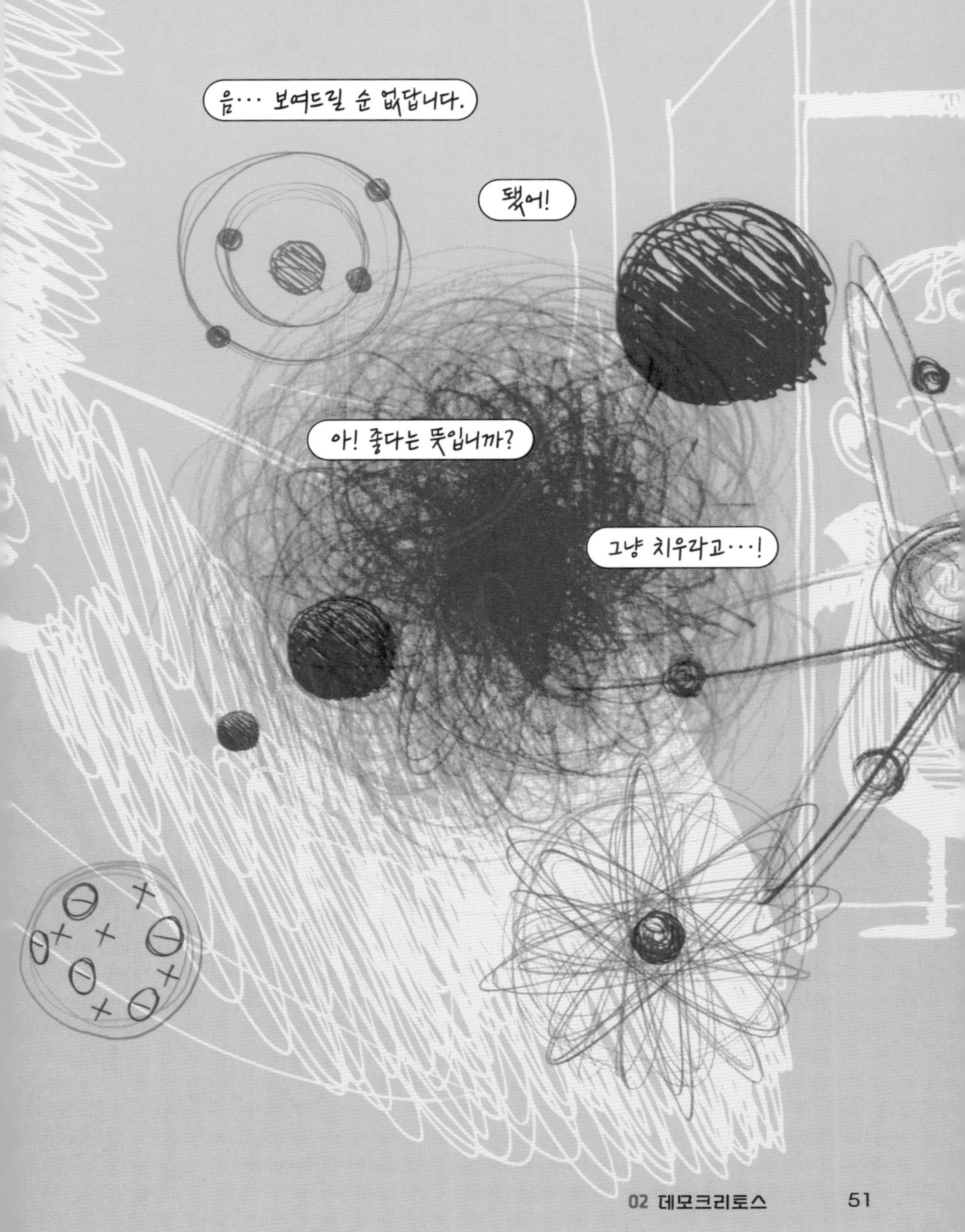
음··· 보여드릴 순 없답니다.
됐어!
아! 좋다는 뜻입니까?
그냥 치우라고···!

심지어 **음속***에 관한 연구로 유명한 오스트리아의 물리학자 에른스트 마흐도 원자론을 거부했습니다. 마흐는 존재 여부조차 불확실한 원자 없이도 얼마든지 물리학 연구가 가능하다고 호언장담했습니다.

* **음속**
소리가 매질을 통해 전파되는 속도. 음속을 나타내는 단위인 '마하'는 에른스트 마흐의 이름에서 따온 것이다.

원자라는 건 물리적 실체가 아니라
과학자들이 필요에 따라 만들어낸 가상의 존재다!
나중에 실제로 있다고 밝혀지면 어쩌시렵니까?
나중은 나중이고!

고대 데모크리토스가 원자론을 주장했을 때도
감각을 통해 실체를 확인할 수 없다는 이유로 외면당했습니다.

나는 데모크리토스다.
원자론의 원조, 아톰의 아버지!
나도 겪었다.
누구십니까?
……
너무 옛날 분이시니 좀 거리를 두겠습니다.

고대 그리스 학자들이 물이나 불 같은 물질과 현상으로 자연계를 설명하거나, 수와 같은 추상적인 개념으로 세계의 구성 원리에 관해 이야기할 때,

만물의 근원이 뭐냐면 말이다.
그 소리 지겹다.

데모크리토스는 자신은 물론이고 누구도 본 적 없는
원자라는 가상의 존재가 세계를 구성하고 있다고 대담하게 주장했습니다.

수천 년 후에는 아마 원자를 볼 수 있지 않을까 싶소.
뭘로?
전자현미경이나, 선스펙트럼이나, 입자가속기나 뭐 그런 거지 않을까 싶소.
그게 다 뭔데?
그냥 상상은 자유지 않을까….

소크라테스와 거의 동시대를 살았던 그는 원자라는 것이 감각기관으로 직접 보고 느끼는 것이 아니라 이성으로 파악하는 것이라고 했죠.

현명한 사람이라면 이성으로 원자들이 춤추는 걸 볼 수 있지 않을까 싶소.
이성은 눈이 아닌데?
마음의 눈이라고 누가 그러지 않았을까….

하지만 플라톤은 원자론을 철저히 배격했고 아리스토텔레스 또한 일상의 관찰과 부합하지 않는다는 이유로 비판하며 엠페도클레스의 4원소설이 더 합당하다고 결론지었습니다.

미지의 원자보다 모두가 아는 불, 물, 공기, 흙을 세상을 구성하는 물질로 보는 것이 합당하겠소.
그 결정이 후세 과학자들의 발목을 잡지 않을까 싶소만.

그렇게 그는 고대 자연철학의 주류에서 밀려났지만 그의 원자론을
살펴보면 현대 과학의 방법론과 유사한 점이 있습니다.

그래서 '고대를 살았던 근대인'이라고
누가 불러주지 않을까도 싶소만.
왕따 스타일이네.

데모크리토스는 우주가 최소 단위 입자인 원자들과
텅 빈 공간으로 이루어져 있다고 생각했습니다.

누구는 글쎄 우주가 제5원소로 꽉 채워져 있다고 했다지?
나 말하는 거요? 시방.
아니라고는 못 하지 싶다.
아리스토텔레스

빈 공간에서 원자들은 서로 충돌하거나 뭉치거나 흩어지면서
자연계의 현상을 만드는데,
물, 불, 공기, 흙도 원자들이 부딪치고 결합해서 만들어진 거라고.
현대 과학에서는 원자보다 더 작은 단위로 핵융합과 핵분열도 해요.
거 보라고 말하고 싶다.

이 과정에서 물체를 만들기도 하고 소멸시키기도 하는 등
변화가 일어난다고 했습니다. 우주 또한 원자의 소용돌이에서 탄생했다는 거지요.

천체는 영원불멸하다는
아리스토텔레스의 주장과 또 반대네요?
여러모로 개랑은 가는 길이
다르지 않았나 싶소.
ARISTOTELES

**데모크리토스는 원자의 크기, 모양, 배열, 위치 그리고 원자들끼리 결합하고 분리하는 방식이 달라 물질의 성질이 서로 다르게 나타난다고 주장했습니다.**

전자의 **오비탈***과 원자량과 **동위원소***의 존재를 예견했다고 써도 될까요?
뭔지는 모르겠지만 폼 나니까 써도 되지 않을까 싶구려.

*** 오비탈**
원자, 분자, 결정 속의 전자나 원자핵 속의 핵자 등의 양자역학적인 분포 상태를 말한다.

*** 동위원소**
원자번호는 같으나 질량수가 서로 다른 원소.

그리고 생명체도 결국 원자들이 결합해서 생겨난 것이고,

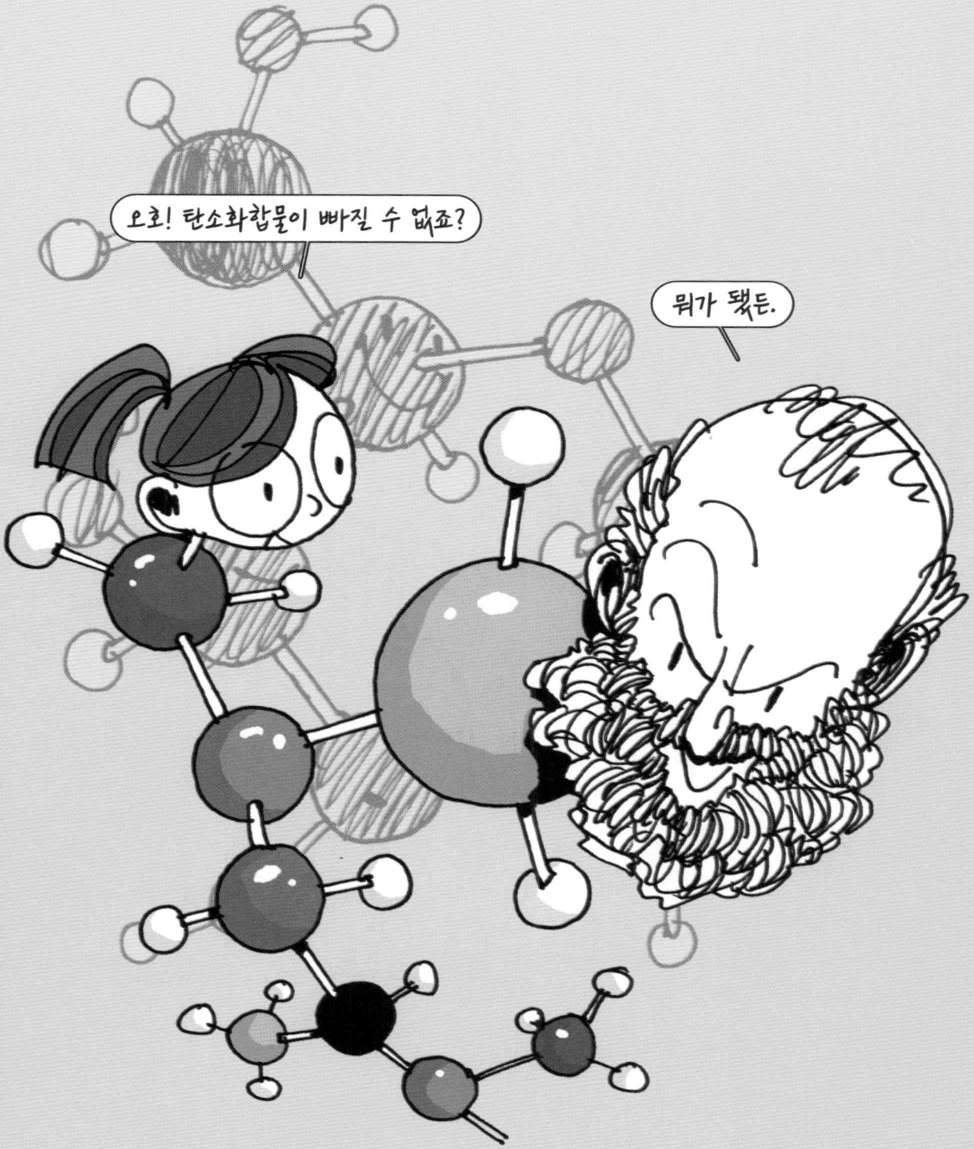
오호! 탄소화합물이 빠질 수 없죠?
뭐가 됐든.

더 나아가 인간의 정신도 원자의 운동에 의해 만들어졌다고 했습니다.

영혼도, 신에 대한 상상도 모두 원자가
만들어낸 결과물이라고 말하고 싶다.
예에??? 위험한데요?

인간의 정신조차 원자에 의해 만들어졌다는 주장 때문에
데모크리토스는 오늘날 유물론자라고 평가받고 있죠.
그리고 그의 이런 생각은 신학이 지배한 중세에는 철저히 배척되었습니다.

아리스토텔레스를 애지중지했던
중세 유럽이니 어련했겠어요?
자업자득이었지 싶네….
알긴 아셔?
DANGER!

코페르니쿠스나 데카르트 같은 근대의 학자들조차도 인간 이성을 논할 때 신의 존재를 배제하지 않았던 점을 상기하면 그의 유물론적 세계관이 얼마나 혁신적이었는지 알 수 있습니다.

어쩌면 훗날 20세기를 뒤집어 놓을 자가 내 이름으로 박사 학위 논문을 쓸 수도 있지 않을까.
누가요?
기왕이면 카를(Karl)….
Karl Marx
내 박사 학위 논문 제목이 〈데모크리토스와 에피쿠로스 자연철학의 차이〉였지.

데모크리토스는 인간의 삶과 죽음이 원자가 결합하고 흩어지는 것과 같다고 주장하며, 인간에게 사후 세계란 없으니 살아 있는 동안 즐겁게 살라고 했습니다. 이런 사상은 헬레니즘 시대의 그리스 철학자 에피쿠로스에 의해 쾌락주의로 고스란히 이어졌습니다.

형님! 사랑합니다.
Epikuros
그래도 영향 받은 팬이 있었네요?
철학 쪽으로는 꽤 먹히지 않았나 하네만.

데모크리토스는 사실 철학, 윤리학, 수학, 기하학, 역사학, 법학, 음악, 시학 등 다방면의 학문을 섭렵하고 70여 권의 저서를 썼을 정도로 박학한 인물이었습니다.

그런 면에선 아리스토텔레스와 비슷했네요?
걔랑 나는 가는 길이 달랐다니까!
화내시는 건가요?
아리스토 얘길 자꾸 하니까 맘 상하잖아!

데모크리토스의 원자론은 오늘날 과학의 눈으로 보면 오류가 있긴 합니다.

원자도 입자가속기로 쪼갤 수 있거든요?
원자 내부도 상당히 빈 공간이거든요?
고대 그리스에는 그런 연장이 없었다고 말하고 싶다.
고대 그리스 사람에게 뭘 더 바라냐고 묻고 싶다.

하지만 과학의 발달사에서 안 그런 이론이 어디 있겠습니까?

거 보라고 하고 싶죠?
싶다.

데모크리토스의 원자론이 지닌 근본적인 한계는 물질을 탐구하는 데 있어 관찰과 실험이라는 과학적 방법이 아닌, 직관에 의한 상상으로 설계된 세계관이라는 점입니다.

아리스토텔레스는 어디 안 그랬냐고.
어쨌든 저는 형님 사랑합니다.
또 뭐···?

그러나 관찰과 실험을 위한 여건도, 참고할 만한 선행 연구 사례도 없는 가운데 오직 직관으로 그려본 원자론이 수천 년 후 근대 과학자 돌턴이 제기한 원자론과 큰 맥락에서는 차이가 나지 않는다는 사실 또한 흥미롭습니다.

데모크리토스, 무얼 하고 있나?
눈에 보이는 세계를 만드는, 눈에 보이지 않는 무언가의 이름을 뭐라고 할까 생각 중이다.

데모크리토스는 현세의 삶을 긍정하고 건강한 쾌락을 추구하라는 사상 때문에 흔히 '웃는 철학자'라고 불렸습니다.

ㅎㅎㅎㅎㅎㅎㅎㅎ.
형님….

그는 중세 내내 잠들어 있다가 아리스토텔레스의 확고했던 권위가 눈을 감게 되었을 때 깨어나 다시 웃기 시작했습니다.

2,000년간의 긴 잠에서 깨어난 원자는 19세기부터
열정적인 과학자들에게 조금씩 모습을 드러냈습니다.

지금도 조금씩, 아주 조금씩….

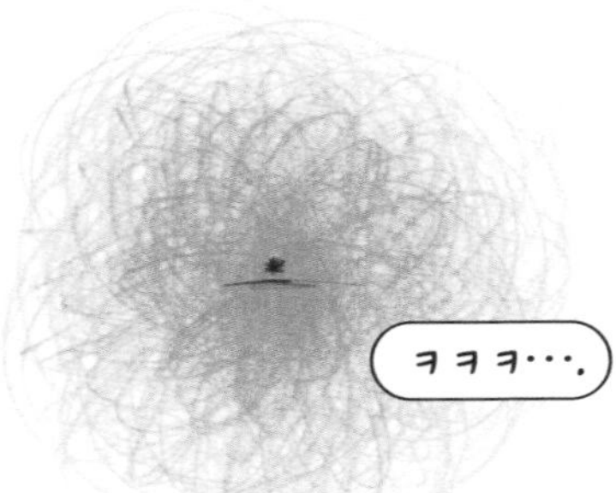

# 03

# 광학의 아버지

# 이븐 알하이삼

Ibn Al-Haytham (965?~1040?)

**아라비아의 수학자이자 물리학자이며 천문학자이다. 눈에서 광선이 나와 물체를 지각한다는 방출 이론의 오류를 밝히고, 물체에서 방출된 빛을 통해 대상을 볼 수 있다는 광학 이론을 설명했다.**

직진하는 빛이 물체에 반사되어
인간의 망막에 상이 맺히는
시각의 원리를 처음으로 밝혀냄으로써
'광학의 아버지'라 불린 사람.
그는 이슬람 문화권의 자연철학자이자
물리학자이자 수학자,
그리고 공무원이면서 감옥에 갇힌 신세였던
이븐 알하이삼이었습니다.

고대 자연철학자들은 빛의 속성과 망막의 기능을 이해하지 못했습니다.
그래서 아리스토텔레스는 우리가 무언가를 볼 수 있는 것은
사물의 형상이 사람의 눈 속으로 들어가기 때문이라 모호하게 설명했고,

잘 봐봐. 요래 생긴 모양이
요래 눈으로 쏙 들어가는 느낌이 들지?
느낌은 없고 그냥 보이는데?

바로 그 느낌인 거야!

유클리드와 프톨레마이오스는 좀 더 희한한 주장을 했습니다.

선생님, 세상이 어떻게 해서 보이는 건지 아십니까?
잘 들어라. 사실은 말이다.
두근 두근
눈에서 광선이 나오는 거다.
형씨.
그 빛이 물체에 닿았다가 다시 눈 속으로 들어가는 거라고.
고마하소.

로마의 시인이자 철학자였던 루크레티우스가 빛은 물체에서 방출되는 입자라고 주장한 것 외엔 유럽의 과학계에서는 이렇다 할 만한 광학 이론이 나오지 않았습니다.

DEMOCRITUS
EPICURUS
내가 또 로마 시대의 대표적인 에피쿠로스주의자였으니까.
그래서?
그러니까 입자설을 주장한 거 아니겠어?
에피쿠로스랑 입자설이 관련 있나?
Lucretius Carus
에피쿠로스 형님이 데모크리스 형님을 흠모했잖아.

광학뿐 아니라 거의 모든 학문이 르네상스가 도래할 때까지 깊은 잠에 빠져 있는 동안 자연철학 연구의 주역을 맡았던 이들은 이슬람 문화권 학자들이었다는 건 잘 알려진 사실입니다.

고대 문헌을 복원해 번역하고,
연금술에 대수학까지 우리가 한몫했지.
왜 그랬어?
승자의 여유라고나 할까?

대수학의 알콰리즈미, 서양 의학에도 영향을 끼친 이븐 시나,
아리스토텔레스의 주석가 이븐 바자와 이븐 루슈드 등
걸출한 이슬람 학자들은 고대 학문과 근대를 잇는 가교 역할을 했습니다.

결국 코페르니쿠스나 케플러, 뉴턴 좋으라고 연구한 셈이지?
고맙네. 형님들.
그런데 우리 덕 봤다고 대놓고 얘기하진 않고 마음속에만 담아둘 거지?
잘 아시네.

965년경 지금의 이라크 바스라에서 태어난 알하이삼도 그중 한 명이었습니다.
알하이삼이 광학 연구에 몰두하게 된 계기는 특이합니다.
그는 원래 공무원이었는데 재능도 있고 야망도 컸죠.

원래 이름은
아부 알리 알하산 이븐 알하산 이븐 알하이삼.

자네가 이러고 있을 위인이 아닌데 말이야.
딱 봐도 그렇지?
뭔가 원대하고 겁나게 폼 나고
크게 출세할 만한 일을 하고 싶지?
족집게네! 그러려면 뭘 해야 돼?
물가에 가봐!

당시 중동과 아라비아, 북아프리카, 에스파냐 지역까지 지배한 이슬람 세계의 통치자에게 골칫거리가 있었는데, 그것은 바로 나일강의 잦은 범람이었습니다.

만날 넘치는 저놈의 강 땜에 못 살겠다.
뾰족한 수 없나?
넘치면 넘치는 대로 업보라 생각하시지요.
뾰족한 거에 죽고 싶나?

알하이삼은 그걸 기회로 삼으려 했고,
자신이 나일강에 댐을 건설할 수 있다고 호언장담했죠.

칼리프시여, 제가 바로 그 문제를
해결할 수 있는 적임자라는 걸
알게 되신 것이 당신께
얼마나 큰 행운인지 알려드리고자
이렇게 편지를 씁니다.
얼마나 기뻐하실지 안 봐도
알겠습니다. 긴 말 필요 없고,
제가 책임지고 댐을 건설할 수
있다는 걸 알려드리면서 이만
저의 예리하고 간단명료한
편지를 줄일까 합니다.

칼리프는 카이로에서 직접 환영 행사를 열어줄 정도로
알하이삼을 곧이 믿고 환대했습니다.

어서 오게, 이 사람아!
어디 있다가 이제 나타났는가?
때를 못 만나 공무원 하고 있었죠.

그런데 막상 나일강을 직접 본 알하이삼은
입이 떡 벌어지고 기가 막혔습니다.

강이 이렇게 클 줄 몰랐다고!
왜? 많이 놀랐구나?
10세기 기술로는 불가능해….

하지만 이미 엎질러진 물.

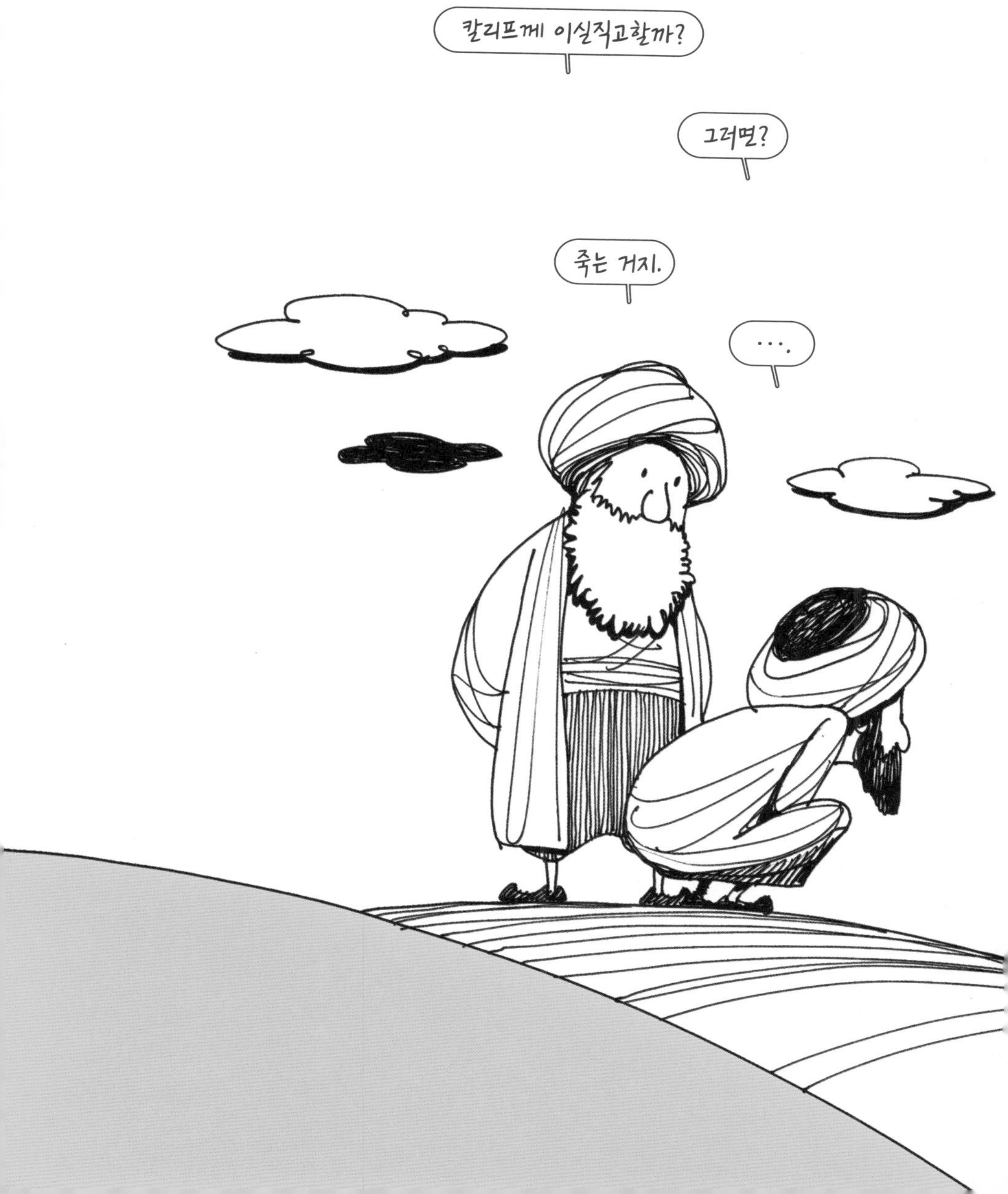
칼리프께 이실직고할까?
그러면?
죽는 거지.
….

그래서 그는 목숨을 지키기 위해 꾀를 냈습니다.

지금부터 미친 척한다!
뭐라고? 미치지 않고서야 어떻게 그런 생각을?
그러니 진짜로 미친 거지.

그날부터 칼리프가 죽을 때까지 알하이삼은 미친 사람으로 지내야 했습니다.
집에 갇혀 감시당하면서 말이죠.

그 자식이 돌았다고?
예. 어제 갑자기….
주… 죽여버려?
그러기엔 좀….
그럼 일단 가둬.

가택 연금은 갑갑하고 불편했지만 이점도 있었죠.
더 이상 공무원이 아니었기에 뭘 시키는 사람도 없었고
덕분에 평소 궁금했던 것들을 연구하며 지낼 수 있었습니다.

그 자식은 요새 뭐 하고 있어?
실험도 하고 연구도 하던데요.
확실히 돌았네.

그 무렵 알하이삼의 관심 대상이 바로 빛과 사람의 시각에 관한 것이었습니다.
그의 생각은 고대 자연철학자들의 주장과 달랐습니다.

눈에서 빛이 나온다고?
미친 거 아녀?

알하이삼은 먼저 태양으로부터 직진한 빛이 사물에 반사되어 온 사방으로 분산된다고 보았습니다.

자! 봐라. 둥근 해가 일단 뜨지?
그럼 자리에서 일어나.
그러고 제일 먼저 뭘 해?
뭐라는겨?
미친 사람이래. 귀담아 듣지 마.
어차피 소 귀에 경 읽기여.

반사된 빛이 사람의 눈 속으로 들어가 어떻게 시각 작용을 일으키는지 증명하기 위해 황소의 눈으로 실험했습니다.

눈 좀 보자.
음매~ 미친 사람이 소 잡아유~
눈에는 아주 작은 구멍이 있고 렌즈 모양도 있다고.
그 구멍을 통해 빛이 들어오면 렌즈가 빛을 모으지.

그는 동공을 통해 들어온 빛이 맞은편의 부드럽고 민감한 표면에 상이 맺히기까지의 과정을 그림으로 설명했습니다.

Tunica
Tunica
Cornea
NERVVS OPTICVS.
이게 그거 이건 저거, 그리고 이건 그거라니까.
동공, 수정체, 망막을 말씀하시는 거유?

그리고 자신이 제시한 시각 과정을 뒷받침하기 위해
빛이 직진한다는 사실을 증명하는 것도 잊지 않았습니다.

빛의 성질을 증명하면 광학 연구의 아버지가 되는 거야…!

증명을 위해 사용한 도구는 카메라 옵스큐라라는 장치였습니다.

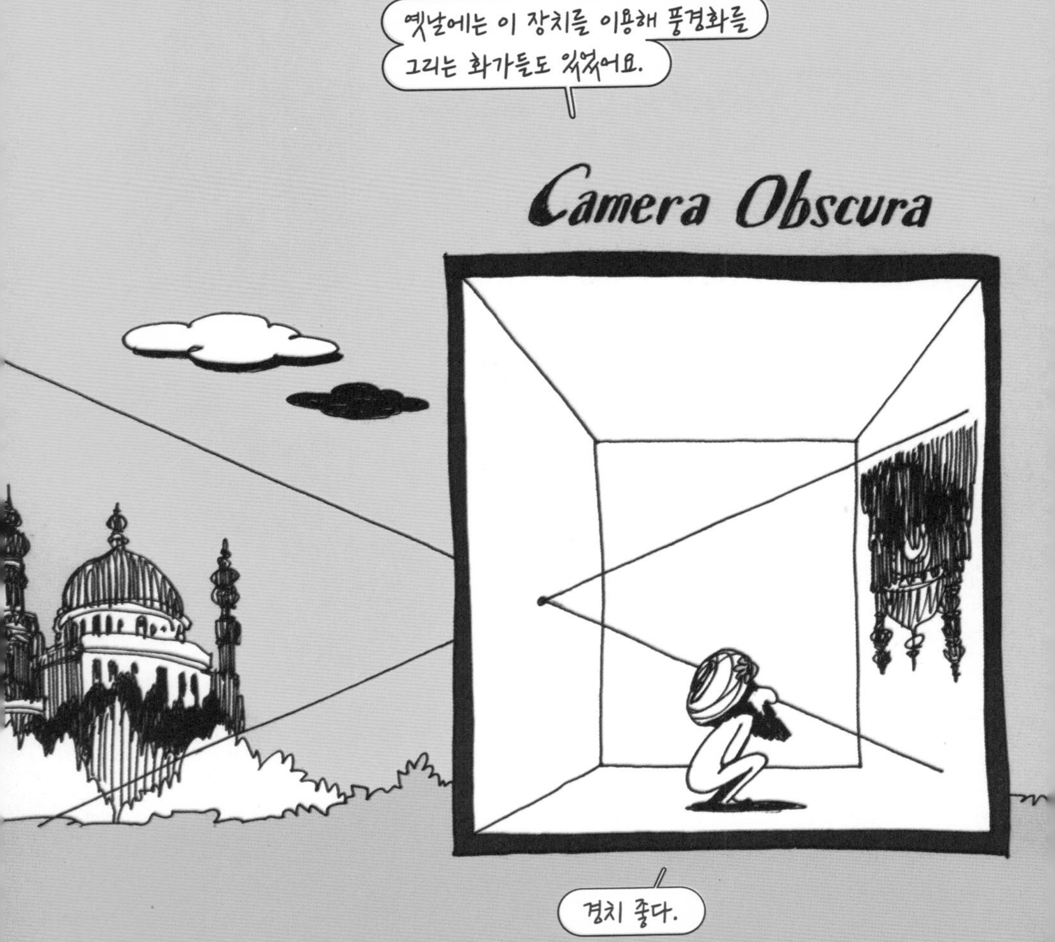

옛날에는 이 장치를 이용해 풍경화를
그리는 화가들도 있었어요.
Camera Obscura
경치 좋다.

바깥 풍경이나 물체에 반사된 빛이 작은 구멍을 지나
상자 내부 맞은편에 거꾸로 된 상으로 맺히게 하는 것이었죠.

과학 시간에 쓰는 바늘구멍 사진기랑 같은 원리네.

알하이삼은 램프를 몇 개 세워두고 카메라 옵스큐라와의 사이에서
빛이 지나가는 경로를 차단해 보았더니 예상대로
상자 내부에 가린 램프의 상이 맺히지 않았습니다.

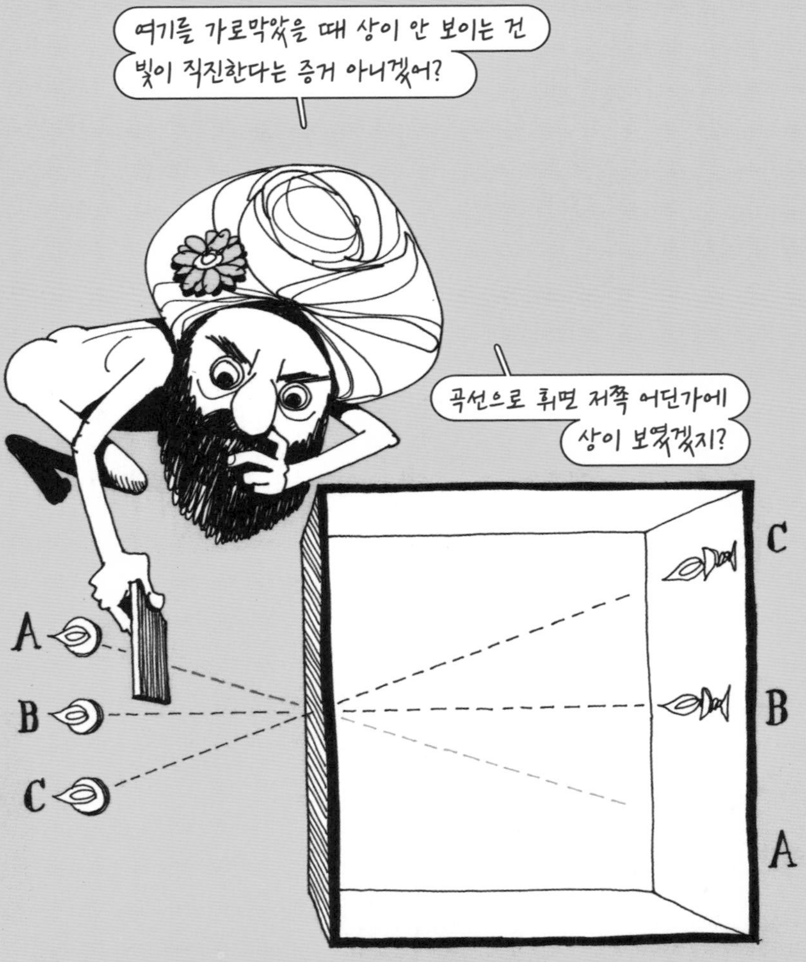
여기를 가로막았을 때 상이 안 보이는 건
빛이 직진한다는 증거 아니겠어?
곡선으로 휘면 저쪽 어딘가에
상이 보였겠지?
A
B
C
C
B
A

알하이삼은 실험과 연구를 정리해서 총 7권으로 구성된 두루마리 형태의 책인 《광학의 서》를 썼습니다. 그 책은 1270년 라틴어로 번역되었고 1572년 바젤에서 프리드리히 리스너가 출판했습니다.

광학 연구에 관한 기념비적인 책인 《광학의 서》는 이후 약 650년이 지날 때까지 해당 분야에서 가장 정통한 문헌으로서 위상을 지켰습니다.

뉴턴이 바통을 이어받았지.
고맙수.

알하이삼은 자신을 가둔 칼리프가 죽은 뒤에도
여러 분야에 대한 연구를 멈추지 않았습니다.
우선 천문학 분야에서는 프톨레마이오스의 오류들을 지적했습니다.

사람들이 나더러
제2의 프톨레마이오스라고도 하더라고.
칭찬인지? 욕인지?
어쨌든 박식했단 소리지.

그는 중력에 의한 물체의 가속도를 연구하기도 했죠.
특히 외부의 힘이 가해지지 않는 한 정지해 있거나 움직이는 물체는
그 상태를 지속하려는 경향이 있다는 주장은,

뉴턴보다 무려 650년 전에!
관성의 법칙?

훗날 뉴턴이 수식으로 정리한 것과 같은 운동 법칙에 대한 직관이었습니다.

훗날 뉴턴이 이렇게 말하지?
"나는 거인의 어깨에 올라탔을 뿐"이라고.
그 어깨 주인이 나 말고 누구겠어?
누구였어?
갈릴레이.

일흔네 살에 눈 감을 때까지 광학, 수학, 천문학, 의학 등에 걸쳐
200편이 넘는 원고를 쓴 알하이삼의 업적은
근대 서양의 실험 과학에 커다란 영향을 끼쳤습니다.
이라크의 10,000디나르 화폐에는 그의 얼굴이 새겨져 있습니다.

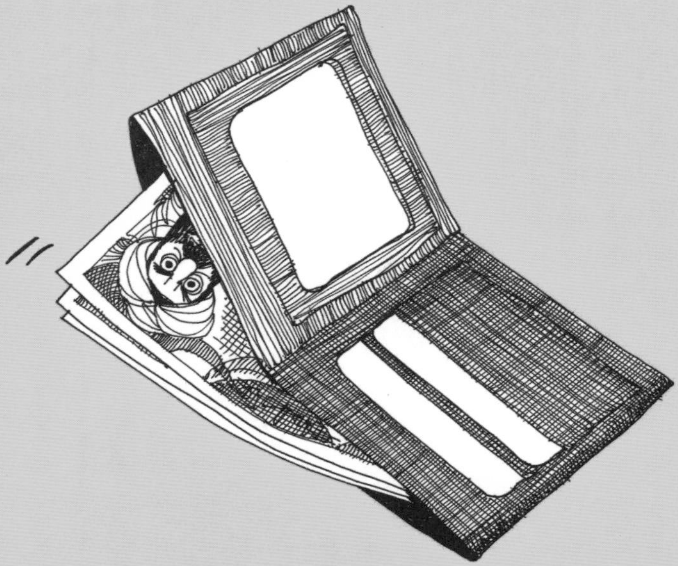

# 04

# 과학혁명의 서곡

## 니콜라우스 코페르니쿠스

Nicolaus Copernicus (1473~1543)

폴란드의 천문학자. 육안으로 천체를 관측했고 지동설의 체계를 정비했다. 코페르니쿠스의 지동설이 등장하면서 근대 과학의 막이 올랐다.

오늘날 우리에게 지동설은 당연한 상식이지만

일상의 경험으로 볼 때 천동설은

그리 호락호락하게 폐기될 만한 이론이 아닙니다.

오늘도 태양은 동쪽에서 떠올라 서쪽으로 졌고,

밤하늘의 별들은 머리 위에서 빙글빙글 돌고 있고,

그 와중에 우리는 움직이지 않는 땅 위에서

어지럼증 없이 서 있기 때문입니다.

2,000년 가까이 지구인들은

천동설이라는 상식으로 불편 없이 살았습니다.

16세기에 이르러 니콜라우스 코페르니쿠스가

지구와 태양의 위치를 재배치하기 전까지 말입니다.

서양 근대 철학사의 위대한 사상가 이마누엘 칸트는《순수이성비판》에서 자신이 새롭게 고안한 사유의 틀이 얼마나 획기적인가를 자화자찬하며 이런 비유를 들었습니다.

이것은 말하자면 코페르니쿠스적 전환이다.
점잖게 생긴 양반이….

이 비유는 곧 코페르니쿠스가 일찍이 과학의 무대에 일으킨 파장이 얼마나 거대하고 혁신적이었던가를 방증하는 것이기도 합니다.

나, 돌고 있나?

고대와 중세를 지나 근대에 이르는 동안
유럽 지성사에서 독보적인 슈퍼스타는 아리스토텔레스였습니다.

철학, 정치, 종교, 윤리학뿐 아니라 과학의 영역까지.
아리스토 형님께 대하여 경례!
쉬어.

특히 물, 불, 흙, 공기라는 네 가지 원소로 이루어진 지구를 중심으로 에테르*로 가득 차 있는 천체가 회전한다고 본 그의 우주관은 이후 프톨레마이오스가 수리와 기하학으로 더욱 정교하게 체계화했습니다.

* **에테르**
천상계를 구성하는 제5원소로 상정한 가상의 물질.

천체는 우아하고 완벽한 원을 그리면서 돈다. 맞죠?
뭘 좀 아네.

천동설의 권위는 16세기까지 유럽 사회를 지배하며 지속되었는데 그것은 두 가지 뿌리 깊은 관념에 기인했습니다.

"천체의 운동은 가장 완벽한 형태인 원이어야 한다."
"신이 사랑하는 피조물, 인간들이 사는 지구가 우주의 중심이어야 한다."
우리 둥글게 사귈까요?
꺼질래?

아리스토텔레스의 사상이 스콜라 철학으로 중세 신학과 조우했듯,
천동설 또한 기독교 교리와 궁합이 잘 맞았습니다.

동그란 하늘에 계신 하나님 아버지….
'동그란 하늘을 돌리고 계신'이 아닐까?

종교개혁으로 인해 중세 유럽 사회를 지배했던 가톨릭교회의 권위가 와르르 무너지는 와중에도 지구가 우주의 중심이라는 천동설은 건재했습니다.

교황은 존엄하다!
개똥이다!
성직자는 신의 대리인이다!
헛소리다!
면죄부 사면 복 받는다!
개똥 같은 헛소리다!

지구는 안 돈다!
그 말은 맞다.

사람들의 머릿속에서 지구는 요지부동이었습니다.
안 돌 거다!
진실을 가르쳐주고 싶다.

1473년 코페르니쿠스는 폴란드 토룬에서 유복한 상인의 아들로 태어났습니다. 열 살 때 아버지를 여의었지만 명망 있는 성직자였던 외삼촌 루카스 바첸로데의 후원으로 수준 높은 대학 교육을 받을 수 있었습니다.

어쨌든 마음 모질게 먹고 공부 열심히 해야 된다. 알아듣겄나?
연애는요?
내 앞에서 할 소리가?

그는 당시 르네상스의 중심지였던 이탈리아에서 대학을 다니면서 자연과학에서부터 실용적인 과목까지 여러 학문을 폭넓게 익혔습니다.

볼로냐 대학에서 그리스어, 수학, 철학, 천문학.
파도바 대학에서 의학.
페라라 대학에서 교회법으로 박사 학위.
공부가 제일 쉬웠어요.

천문학에 가장 관심이 많았던 그는 아르키메데스의 책을 읽다가 고대 그리스의 철학자 아리스타르코스가 주장했다는 지동설에 관해서도 알게 되었습니다.

지구와 다른 행성들이 죄다 태양을 중심으로 돌고 있다는데?
ARCHIMEDES
그래? 너도 돌고 싶냐?

기원전 3세기 그리스 사상가였던 아리스타르코스는 삼각법으로 태양과 달의 상대적 거리를 계산하고 지구보다 훨씬 큰 태양이 천체의 중심일 거라고 추측했지만, 묵살된 바 있습니다.

지구가 돌고 있는 거 같은데….
너무 앞서가셨네….

1377년 프랑스의 철학자이자 주교였던 니콜 오렘도
지동설을 주장한 적이 있지만, 물러섰습니다.
지구가 안 돈다고 할 만한 이유가 없지 않은가?

너도 지구하고 같이 돌아볼래?
안 돌랍니다.

공부를 마치고 고향으로 돌아온 코페르니쿠스는 대주교였던 외삼촌의 의학 고문, 지역 의사, 대성당의 참사원으로 일했습니다. 그리고 밤에는 별을 관찰하며 천문학 연구를 계속했습니다.

너 옥상에서 뭐 하냐?

코페르니쿠스는 천동설이 마음에 들지 않았습니다.

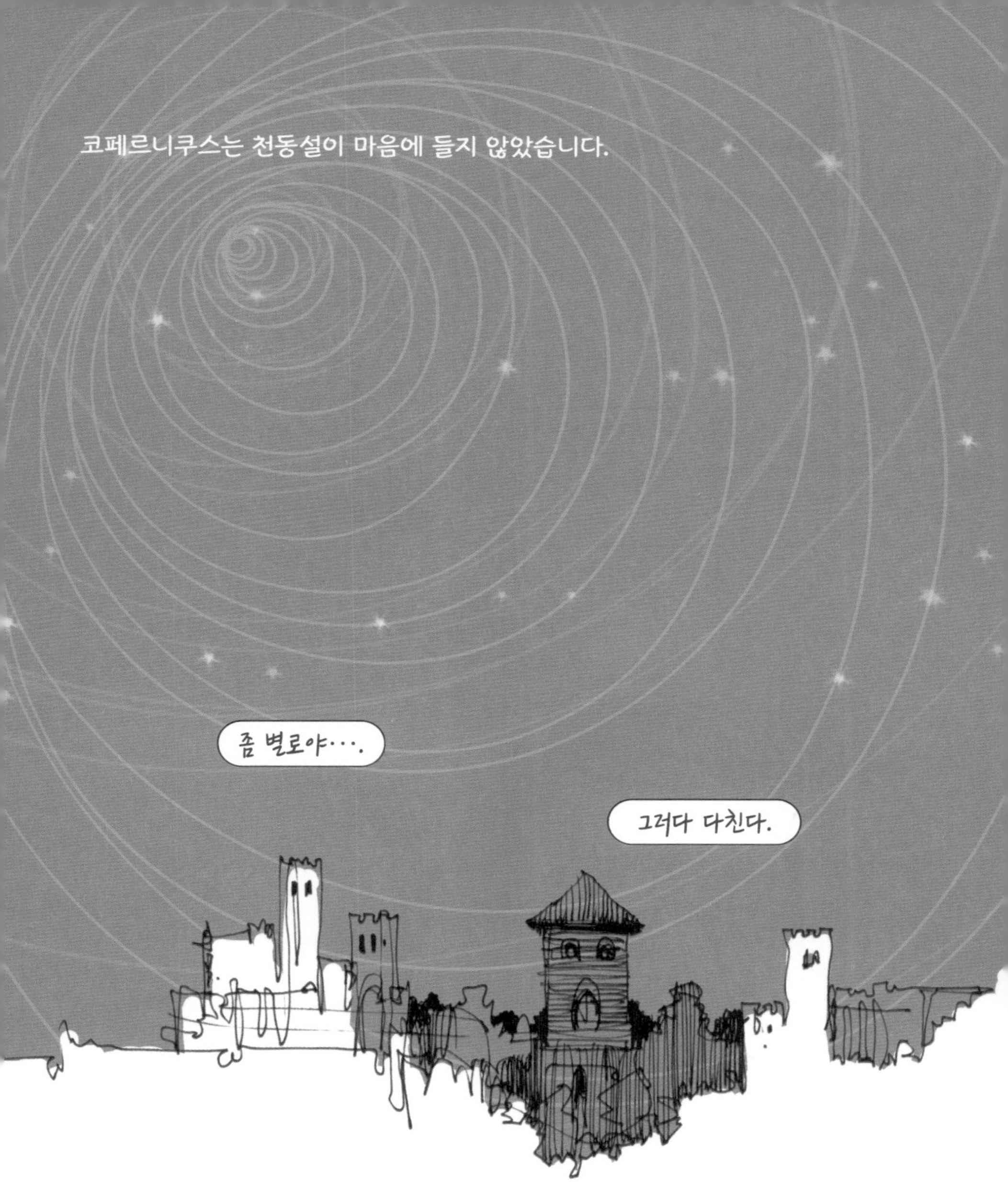
좀 별로야….
그러다 다친다.

그가 천동설에 불만을 품었던 이유는 과학의 원리는 간결하게 표현할 수 있어야 한다는 소신 때문이었습니다.

복잡하고 너저분하면 진리의 자격이 없다니까.
뭐가 어때서?

프톨레마이오스의 우주 모형은 태양과 행성들이 정확하게 지구를 중심으로 원운동을 하는 단순한 모양이 아니었습니다.

천동설 모형이 복잡해진 이유는 애초에 결함을 안고 시작한 가설이었기 때문입니다.

이 길을 선택하면 앞으로 계속 함정에 빠질 수 있습니다. 그래도 가시겠습니까?
고!
무조건 고!

실제로 행성의 움직임을 관측하면 역행운동이 발생하는데 프톨레마이오스의 천동설은 이것을 명쾌하게 설명하지 못합니다. 역행운동은 지구와 다른 행성의 공전 속도 차이 때문에 나타나는 현상이기 때문입니다.

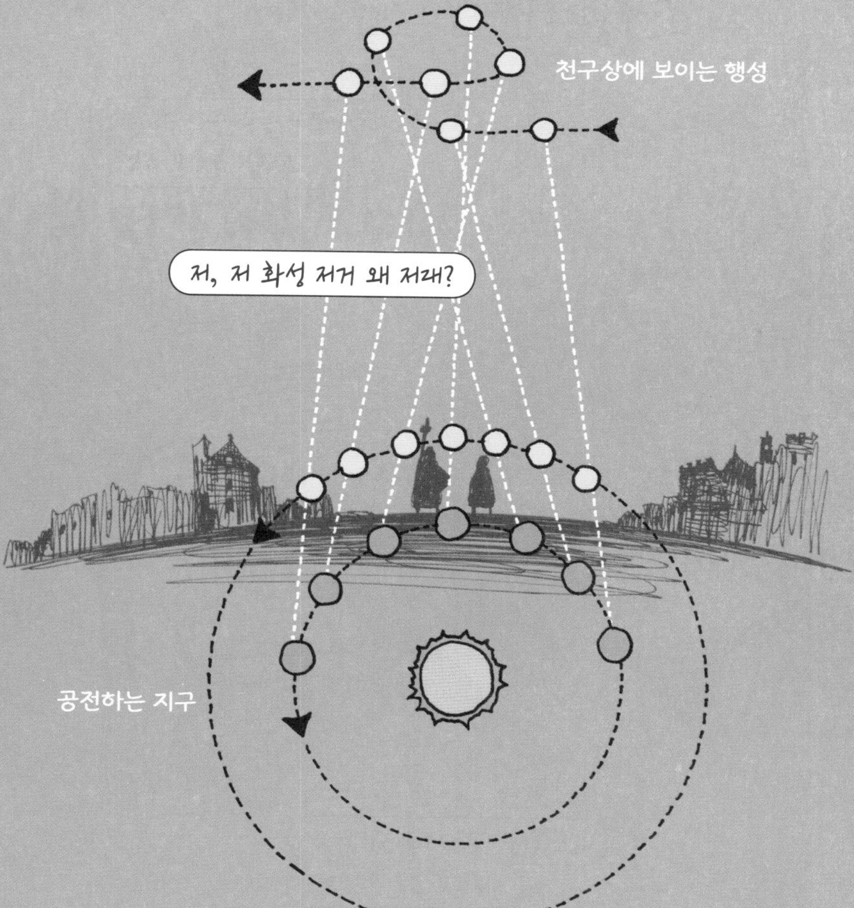

그래도 학자들은 천동설을 의심하지 않았습니다. 어떻게든 동그란 우주 모형으로 관측 결과를 설명하기 위해 주전원운동이라는 개념을 삽입했습니다. 주전원운동이란 행성이 지구를 중심으로 반복해서 원을 그리며 도는 것을 말합니다. 세월이 흐르면서 주전원의 수도 많이 늘었습니다.

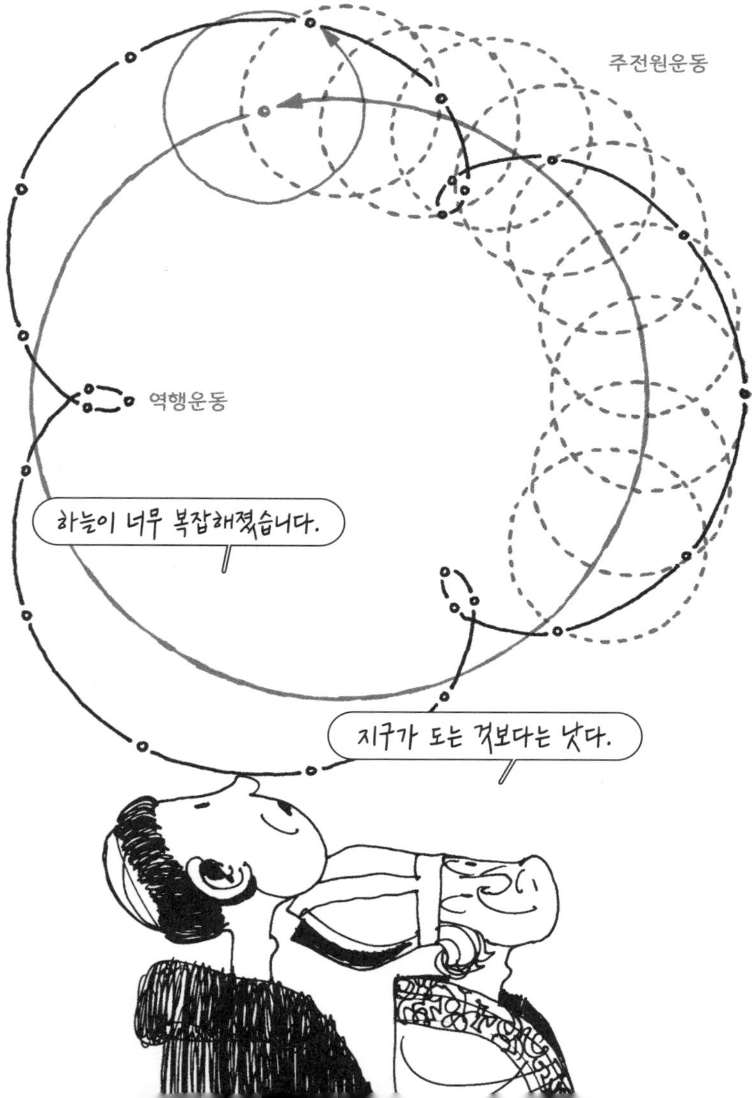
주전원운동
역행운동
하늘이 너무 복잡해졌습니다.
지구가 도는 것보다는 낫다.

코페르니쿠스는 과감하게 지구가 태양을 중심으로 회전하는 방식으로 생각을 뒤집어 보았습니다. 그랬더니 문제가 해결되었습니다.

지동설은 우주의 중심에 있던 지구를 바깥으로 밀어냈지만 천동설보다 간명하게 행성들의 배열과 주기, **내행성***과 태양 사이의 거리, 역행운동 등을 설명해 주었습니다.

* **내행성**
수성, 금성 등 태양계에서 태양과 지구 사이에 있는 행성.

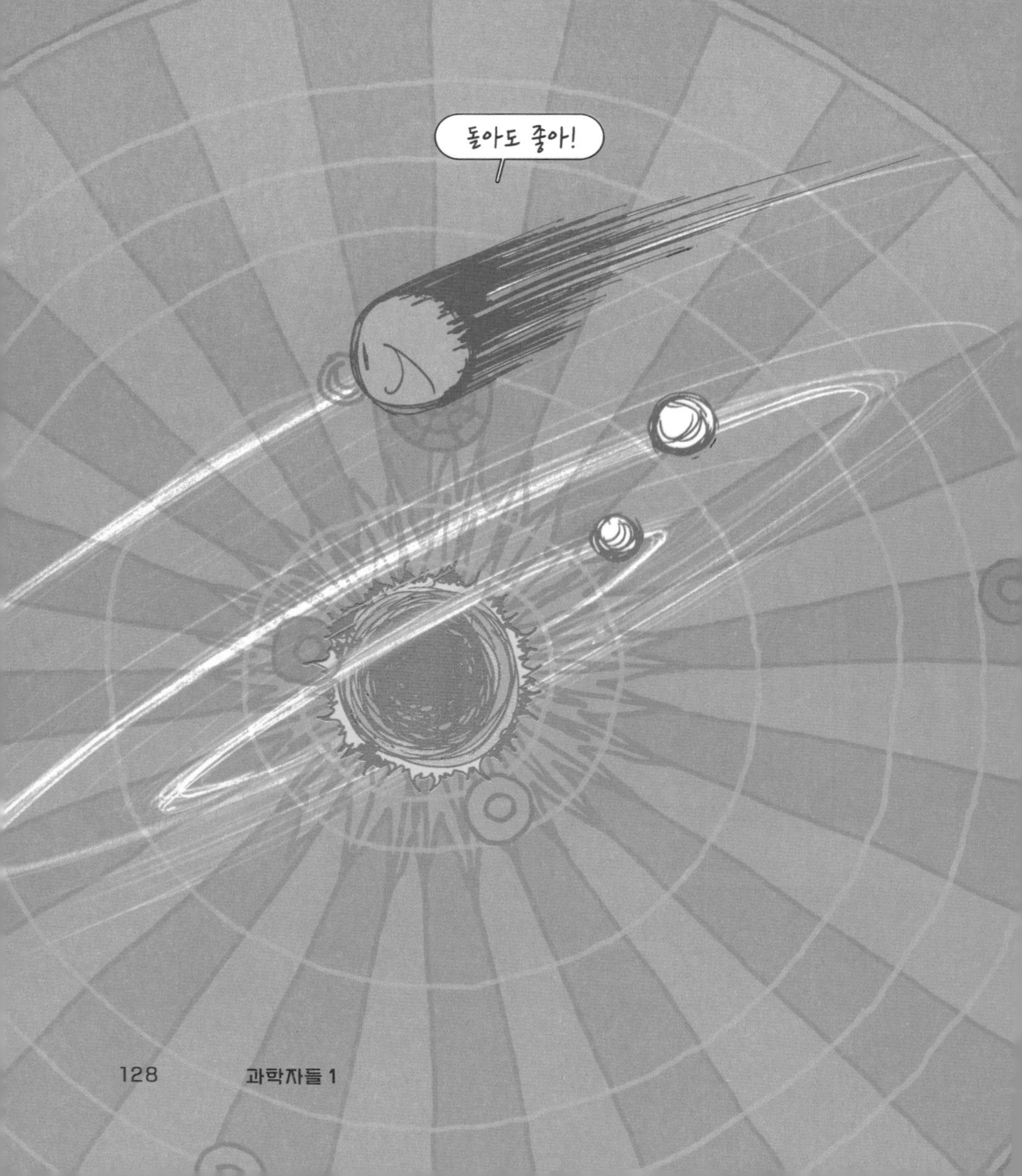
돌아도 좋아!

1514년 코페르니쿠스는 자신이 발견한 이론을 요약해서 지인들과 먼저 공유했습니다. 놀랄 만한 발견이었지만 동네방네 떠들고 다니지 않고 신중하게 반응을 살폈습니다.

조용한 데 가서 너만 봐.
뭐여? 뭐 좋은 거여?

알 만한 사람들 사이에서 지동설은 '대박'이었습니다.
필사본으로 유포된 문헌은 사람들 사이에 금방 퍼졌고 천동설보다
명료하고 우아한 그의 우주 모형을 좋아하는 사람들이 늘어갔습니다.

이거 굉장하네!
헐!
장난 아닌데!

그중 가장 적극적인 사람은 독일의 수학자 레티쿠스였습니다.
그는 지동설에 크게 감동해 곧장 코페르니쿠스에게 달려갔습니다.

선생님~! 사랑합니다!!
누구여?
저를 받아주십시오!

레티쿠스는 제자 겸 조수를 자처하면서 코페르니쿠스에게 연구 성과를 얼른 출판하자고 졸랐고, 1540년 《첫 번째 보고》를 발간했습니다.

선생님, 더 늦기 전에 책 내십시다.
아직은 좀 그렇지 않나?
거시기고 머시기고 간에 내봐야 알지요.
그럼 일부만 추려서….

2,000년 이상을 이어온 금기를 깨트린 것에 대해 커다란 파문이 일까 봐 주저했던 것과는 달리, 가톨릭교회는 별다른 반응을 보이지 않았습니다.

지동설이라는 거 읽어보셨습니까?
바빠서 못 읽었다.
지구가 돈다고 합니다.
SF 소설이냐?

레티쿠스는 내친 김에 연구 내용을 모두 공개하자고 부추겼지만

코페르니쿠스는 안심할 수 없었습니다.

선생님 연세가 있는데
더 늦기 전에 발표하십시다.
늙은이는 겁도 없는 줄 아냐?

결국 레티쿠스가 다른 곳으로 떠난 다음 안드레아스 오시안더 신부가 출판을 맡게 되었고 근대 천문학의 기원이 된 책 《천체의 회전에 관하여》는 코페르니쿠스가 사망한 해인 1543년 세상에 나왔습니다.

오시안더는 태양을 중심에 둔 것이 그저 행성 운동을 예측하기 위한 수학적 가설일 뿐이라는 문구를 서문에 추가했습니다.

논란을 최소화하기 위한 안전장치였습니다.
너 때문에 난 비굴해졌다.

그러나 코페르니쿠스는 평생을 바친 자신의 연구가
올바른 천문학의 효시가 될 것을 확신했고 그런 신념을 당당하게 썼습니다.

"교황님께서는 공정한 판단으로 비방하는 자들의
모략으로부터 저를 보호해 주실 수 있을 것입니다."

뭐라? 내가 제 보디가드인 줄 아나?

"무지하면서도 말 많은 게으름뱅이들이
성서 구절을 왜곡하여 저의 저술을 공격한다 해도
저는 개의치 않을 것이며 오히려
그들의 무모한 비판을 경멸할 것입니다."

나는 너를 경멸할 것이야!

즉각적인 처분을 유보하던 가톨릭교회도 머지않아 갈릴레이가 지동설을 지지하자, 결국 《천체의 회전에 관하여》를 이단적인 저술로 지목했습니다.

읽지 마라!
읽으면
다친다.
COPER

코페르니쿠스가 남긴 업적과 과제는 올바른 천체 탐구를 위한 시금석이 되었고
브라헤, 케플러, 갈릴레이 같은 학자들의 집념과 열정으로 이어졌습니다.
《천체의 회전에 관하여》는 200여 년이 지난 19세기 초에야
금서에서 해제되었습니다.

가장 위대한 천문학자가 누구겠어? 바로 나지.
브라헤
아니지. 나지.
케플러
나 아닌가?
갈릴레이

지동설은 매우 혁명적으로 지구를 돌리는 데 성공했지만 코페르니쿠스 역시 신의 조화와 완전성을 나타내는 원에 대한 미련은 버리지 못했습니다. 그리고 등속운동도 고수했습니다. 그로 인해 다시 주전원이 등장했고 훗날 케플러가 운동 모형을 완성할 때까지 지동설은 결함 있는 미완의 모습으로 남아 있었습니다.

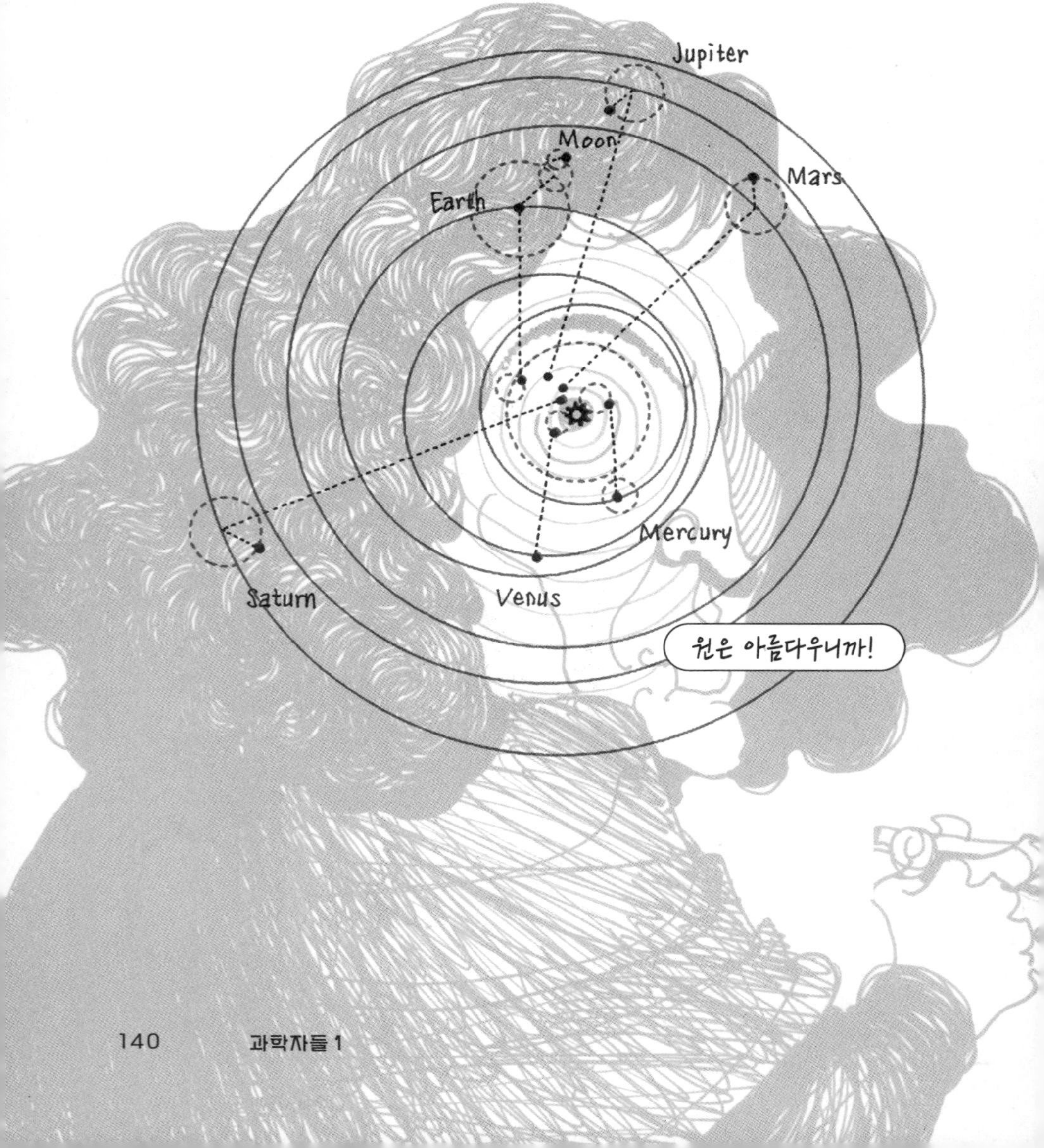

# 05

# 인간 망원경

## 튀코 브라헤

Tycho Brahe (1546~1601)

덴마크의 천문학자. 망원경이 없던 시절 정밀한 단위로 행성과 별을 관측했다. 그때까지 누구도 시도하지 못했던 일이었다. 또한 아리스토텔레스의 천문학을 부정하는 관측 증거를 발견했다.

튀코 브라헤는

천문학에 대한 열정과 자존심이 남달랐습니다.

그는 초신성을 발견했고, 혜성을 관찰했으며

777개가 넘는 항성들의 위치를 정교하게 측정하는 등

방대한 양의 천문 관측 자료를 남겼습니다.

그런 업적은 모두 망원경이 없던 시절에

관측 장비의 결함을 스스로 보완하며

얻어낸 것들입니다. 브라헤의 자료 덕택에

요하네스 케플러는 제대로 된 근대 우주론의

초석을 다질 수 있었습니다.

코페르니쿠스가 지동설을 발표하며 근대 과학혁명의 포문을 연 다음에도 학자들은 우주에 대한 인식의 논란에 종지부를 찍지 못했습니다.

여러분, 지구가 돌면 만사형통이라니까요.
지구가 돌아?
아닌 것 같은데?
저놈이 돌았나?

올바른 우주 모형에 대한 논쟁은 계속되었습니다.

과학계는 천동설을 지지하는 쪽과 지동설을 지지하는 쪽으로 나뉘어 연구와 강의가 이루어졌습니다.

샘, 저 옆 학교 샘은 지동설을 가르치던데요?
배우고 싶으면 전학 가든지.

우주론이 과도기적 혼란을 겪은 이유는 당시 천동설이 가톨릭교회를 중심으로 견고하게 자리 잡고 있었던 데다,

왜 지동설은 인정 안 하는 거요?
너희들 버릇 나빠질까 봐.

코페르니쿠스의 지동설이 이전 아리스토텔레스 방식의 우주관을 완전히 극복하지 못한 미완의 가설이었기 때문입니다.

지구가 돌기는 하지만 예쁘고 완벽한
등속원운동은 도저히 포기 못하겠어.
왜?
그것은 신의 섭리니까!
숙제를 다 못한 핑계 아닌가?

코페르니쿠스는 지구가 돈다는 사실을 전제로 천체 운동을 명료하게 설명하려고 노력했지만, 천문학의 기본이 되는 관찰에는 소홀했습니다.
적어도 튀코 브라헤의 기준으로 볼 때는 그랬습니다.

내 관찰 연구가 부실했다고 누가 그래?
내가.

당시 덴마크 귀족이었던 브라헤는 이전까지의 모든 천문학자를 한 가지 이유로 못마땅해했습니다.

과학을 하려면 제대로 해야 하지 않겠나?
어떻게?
정확하고 충분한 데이터 수집이 필수이지 않겠냐고.

브라헤는 그런 말을 할 자격이 있었습니다.

어찌나 눈이 좋은지.
관찰에 있어서 아무도 못 당했지.
끈기도 있고.
밥 걱정 없이 평생 관찰만 했지.
성질머리도 못 당했어.

지체 높은 귀족 오토 브라헤의 아들로, 금수저를 물고 태어난 튀코 브라헤는 더 지체 높은 큰아버지 외르겐 브라헤에게 납치되어 양자로 자랐습니다. 형에게 후사가 없을 경우 아들 한 명을 양자로 주겠다고 한 아버지의 약속 때문이었습니다.

이 아이는 내가 키우겠다! 너는 또 낳으면 되지 않냐?
형님한테 주기에는 그 아이 시력이 너무 좋은데요….

큰아버지는 튀코를 자신의 대를 잇는 고관대작으로 키우기 위해
어릴 적부터 수준 높은 교육을 시켰습니다.

이담에 법률 공부를 해야 하니 라틴어 공부를 열심히 해라!
친부모도 아니면서 지나치게 진로 간섭하지 말라구요.

1560년 튀코 브라헤는 자신의 진로를 결정짓는 중대한 사건을 목격했는데, 그것은 바로 일식이었습니다. 브라헤의 마음을 사로잡은 것은 일식 자체보다 천문학자들이 달의 궤도를 기록한 관측표를 바탕으로 일식을 예고했다는 사실이었습니다. 큰아버지는 양아들이 기대에 어긋날 조짐을 보이자 상류사회의 관행대로 외국으로 유학 보내고 가정교사 겸 감시자를 붙였습니다.

저 아이가 별 따위나 바라보게 내버려 두지 마라.
잠을 줄여!
제가 잠잘 때 바라보면 도리가 없지 않나요?
야근 수당을 더 주시라고요.

브라헤는 대학에서 법학을 전공했지만 천문학과 수학에 더 열을 올렸고, 밤에는 별을 관찰했으며 천문 관측 장비와 천문학 서적을 사들였습니다. 천문학에 관심을 가지면 가질수록 브라헤는 불만이 쌓여갔습니다.

코페르니쿠스, 이 작자가 문제야….
확실한 근거도 없이 지구를 함부로 돌리다니 말이야.

그때까지 천문학자들은 오랜 시간을 들여 직접 별을 관측하기보다 문헌과 직관에 더 많이 의존했습니다. 그래서 자료에는 오류가 많았습니다. 세월이 흐르면서 브라헤는 더 큰 사명감을 갖게 되었습니다.

이럴 바엔 내가 새로 관측하는 게 낫겠는데?

그동안 큰아버지는 물에 빠진 덴마크 국왕 프레데리크 2세를 구하느라 고생하다 끝내 숨을 거두었습니다.

이 은혜를 성질 나쁘고 시력 좋은 제 양아들에게 갚아야 하지 않겠습니까?
내가 폭군이 아닌 걸 감사하고 눈감으라.
끝까지 간섭….

한편 브라헤는 월식이 있었던 1566년, 별점을 쳐서 당시 오스만투르크의 술탄 술라이만의 죽음을 예고하여 유명세를 떨쳤고,

여든 넘은 노인이었는데?

어쨌든 맞혔으니 된 거 아니겠어?

어떤 귀족과 말다툼을 하다가 벌인 결투에서 코가 잘리기도 했습니다.

먼 훗날 '튀코 브라헤의 코'가
검색어로 뜨게 해주마!
왜 싸운 거래?
성질머리 때문이겠지.
코 없이 밖에 나다니지도 못하겠네?
두문불출하고 천문 관측하겠지.

그리고 그는 1572년 카시오페이아 자리에서 초신성을 발견했습니다. 초신성은 별이 마지막 단계에 이를 때 폭발하며 큰 빛을 내는 현상으로, 당시 사람들로서는 이해하기 어려운 천체 현상이었습니다.

원래 다섯 개인데 저 밝은 건 뭐지?
큰 인물이 나타날 징조라니까.

내가 그 큰 인물이지 않을까?

대낮에도 빛날 정도로 밝게 등장한 별을 본 사람이 브라헤만은 아니었지만, 다른 이들이 그저 신기해하고 있을 때 그는 18개월에 걸쳐 별의 동태를 면밀히 관찰했습니다.

확 밝았다가 점점 희미해진다!
미확인비행물체가 아닐까요?

브라헤는 1573년에 출간한 《새로운 별》을 통해 그 별이 천상계에 해당하는 천구에 속한 것이 확실하다고 주장했습니다. 이른바 하늘은 불변한다는 기존의 아리스토텔레스 우주론에 대한 반기였습니다.

성질은 고약해도 변화에 둔하진 않으시네.
관찰의 결과에는 승복해야지 않겠나?

브라헤는 유난히 밝게 빛나는 별을 가지고 **연주시차***도 측정해 보았습니다. 하지만 당시의 관측 장비로는 한계가 있었고, 연주시차가 발견되지 않아서 지구가 공전한다는 증거가 없다는 결론을 내렸습니다.

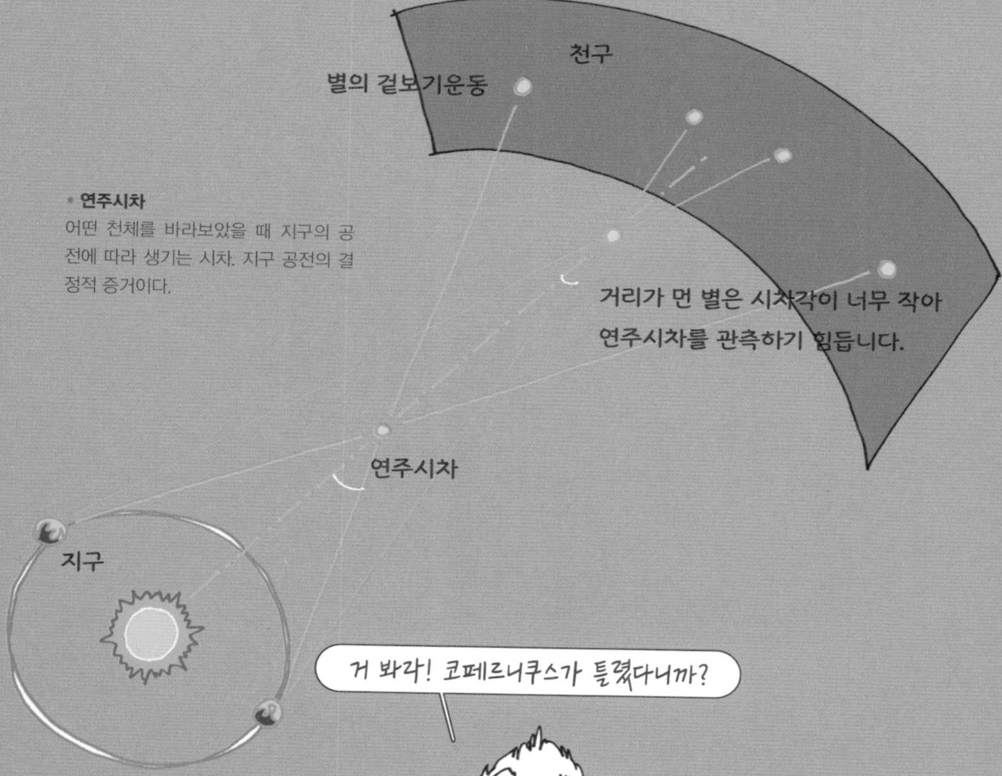
천구
별의 겉보기운동
거리가 먼 별은 시차각이 너무 작아
연주시차를 관측하기 힘듭니다.
연주시차
지구

*** 연주시차**
어떤 천체를 바라보았을 때 지구의 공전에 따라 생기는 시차. 지구 공전의 결정적 증거이다.

거 봐라! 코페르니쿠스가 틀렸다니까?
너무 멀어서 시차를 못 본 거 아닌가?
내 시력을 의심하는 거냐?

어쨌든 브라헤는 천문학계에서 손꼽히는 인사가 되었고, 국왕도 기왕 하는 연구 제대로 한번 해보라고 그에게 섬 하나를 통째로 내주었습니다. 브라헤는 그 섬에 '하늘의 별장'이라는 뜻의 천문대 '우라니보르그'를 지었고, 천문대는 그 지역의 명물이 됐습니다.

섬에다 천문대, 도서관을 짓고 평민과 농노 들도 거느렸다지?
고약한 성깔 땜에 애꿎은 섬사람들이 뭔 고생이래?

그는 우라니보르그에서 20년 넘게 하루도 빠짐없이,
그 누구도 시도하지 못했던 정밀한 단위로 행성과 별을 관측했습니다.
그렇게 어마어마한 양의 관측 정보가 쌓여갔습니다.

나리, 서재 공간이 부족합니다요.
그럼 늘려야지!

1577년 브라헤는 혜성을 발견했습니다. 혜성을 대기 현상이라고 보았던 당시, 그는 정밀한 관측과 분석 끝에 결론을 내렸습니다.
머나먼 천구로부터 지구와 달 사이를 가로지르는 천체의 운동이라고 말이죠.

브라헤가 또 뭘 주장했다는데 믿어도 될까?
그자만큼 관찰할 거 아니면 믿는 수밖에.

날로 유명해지는 가운데 브라헤는 코페르니쿠스의 지동설을 반박하고 우주론의 권위를 다시 세우는 일에 박차를 가했습니다.

지동설 나부랭이들 코를 납작하게 만들겠어!
왜 그렇게 코페르니쿠스를 미워하지?
실력과 자존심이 있고 한 성질 하는 과학자의 기본 마인드는 질투심이지.

1587년과 1588년에 발표한 논문 〈새로운 천문학 입문〉을 통해 브라헤는 과학사에서 가장 특이한 우주 모형을 선보였습니다. 천동설을 기본으로 하는 지동설과의 절충안이었습니다

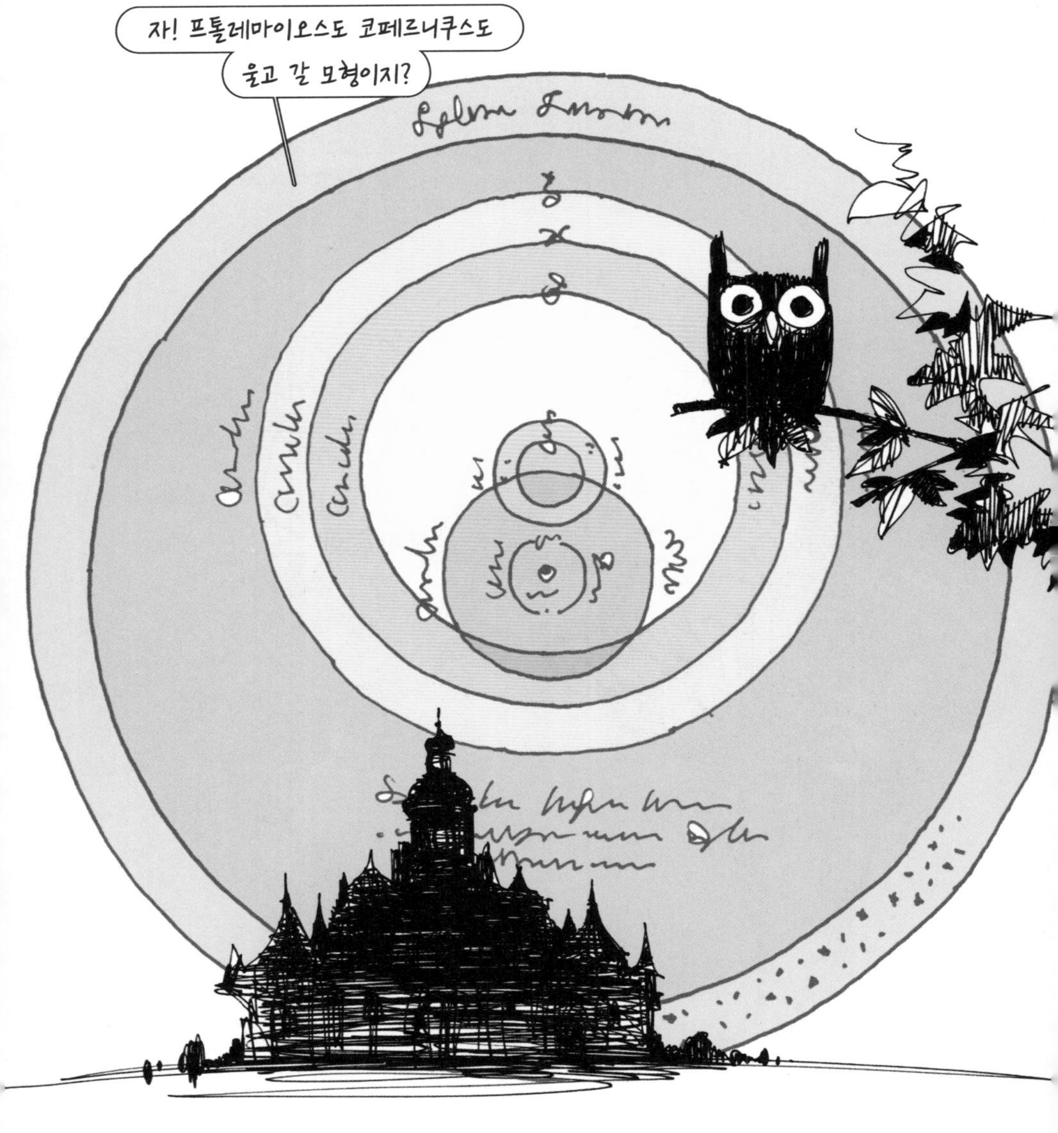
자! 프톨레마이오스도 코페르니쿠스도
울고 갈 모형이지?

그는 지구를 다시 중심에 놓고, 대신 태양이 다른 행성들을 거느리고 돌게 했습니다. 브라헤는 천동설과 코페르니쿠스의 지동설이 제대로 설명하지 못한 이심과 주전원 문제를 해결했다고 자신했지만 학계에서는 그다지 주목하지 않았습니다.

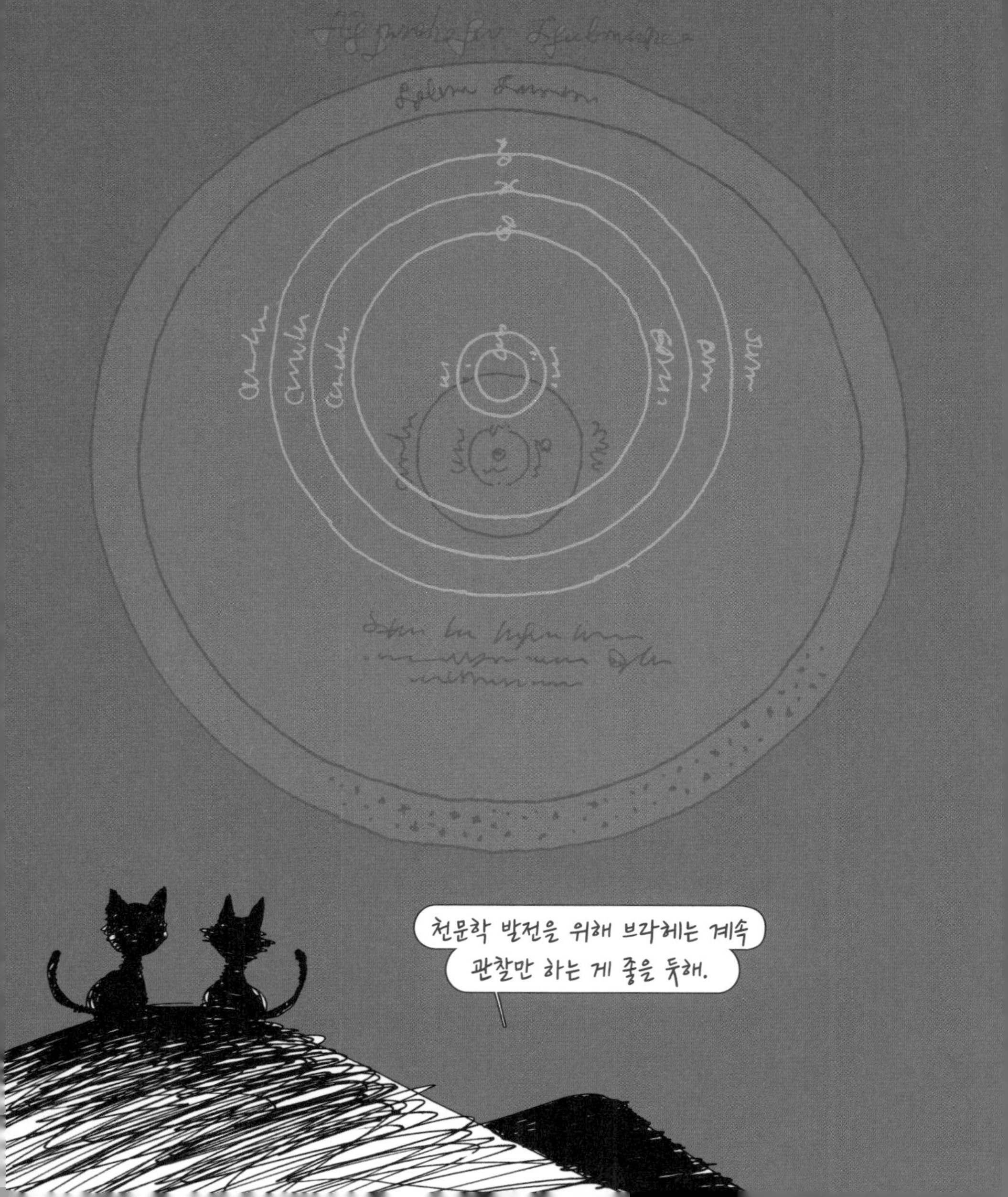
천문학 발전을 위해 브라헤는 계속 관찰만 하는 게 좋을 듯해.

브라헤는 비범한 관찰력과 편집증을 가졌지만 상상력과 수학에는 약했습니다.
브라헤의 우주 모형은 그런 그가 간신히 생각해 낸 희한한 모델이었습니다.
누군가 브라헤의 자료를 넘겨받을 때가 온 것 같다.
그 성질에 순순히 건네줄까?

브라헤는 더 이상 주목받지 못했지만 변함없이 관측에 매달렸고 그러는 사이 주변 사정도 달라졌습니다.
그를 지지했던 국왕이 사망하자, 궁정의 인심도 야박해졌습니다.
그는 섬을 떠나 보헤미아로 거처를 옮겨야 했습니다.

과학 진흥에 인색한 자들 같으니, 얼마나 갈지 두고 보겠어.
과학을 무시하는 게 아니라 네 성질머리에 지친 거다!

천문학계는 브라헤의 자료가 요긴하게 쓰일 수 있는 계기를 기다려야 했습니다.

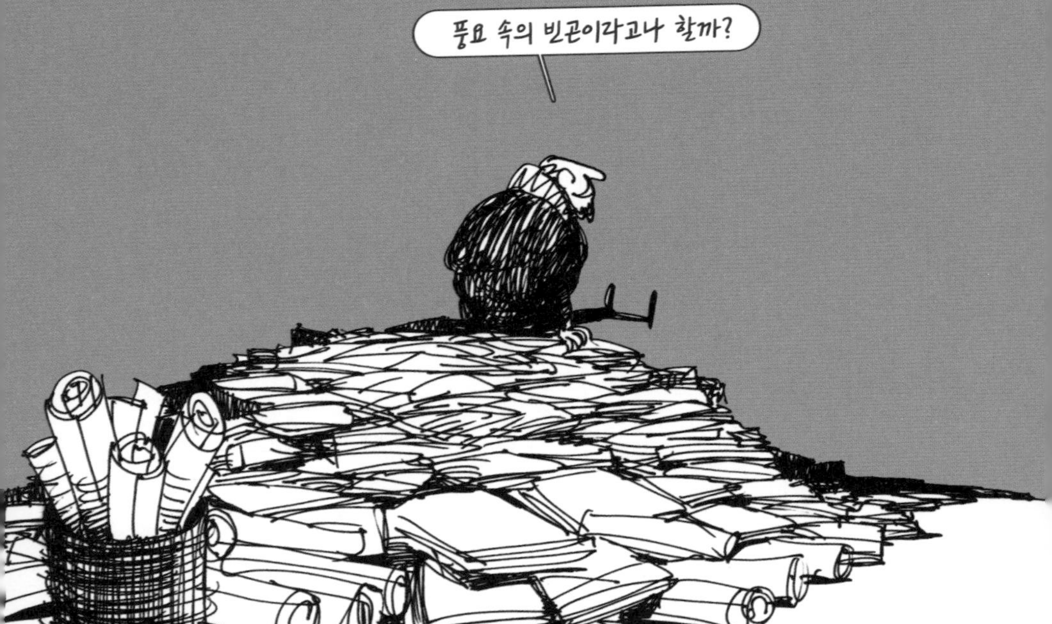
풍요 속의 빈곤이라고나 할까?

방대한 양의 관측 자료를 가지고도 더 이상 의미 있는 결과를 못 내고 있을 즈음, 브라헤는 편지 한 통을 받았습니다.

친애하고 사랑하고 존경하는,
잘생기고 코도 멋진 브라헤님께.

그 편지는 바로 상상력과 수학에 뛰어난

요하네스 케플러라는 젊은이가 보낸 것이었습니다.

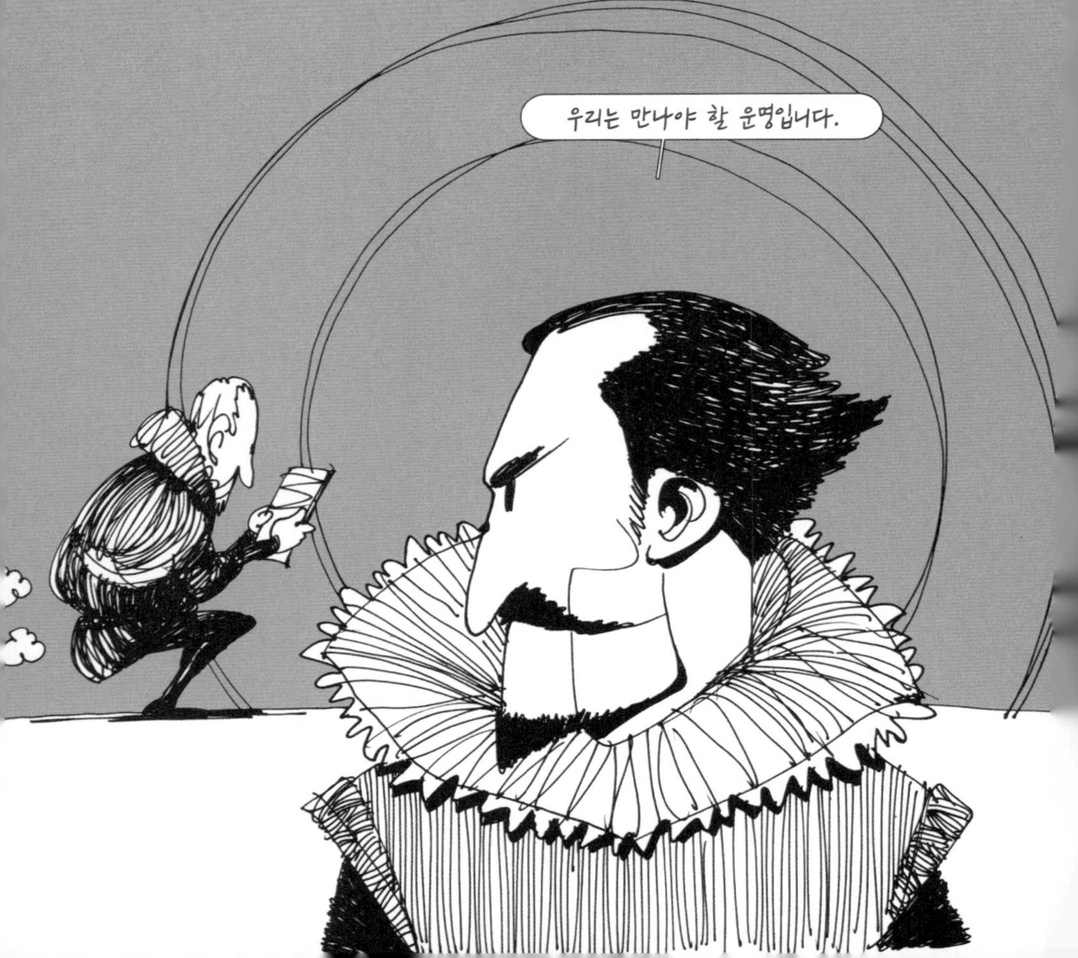
우리는 만나야 할 운명입니다.

# 06

# 행성의 진로

## 요하네스 케플러

Johannes Kepler (1571~1630)

독일의 천문학자. 브라헤가 남긴 데이터를 해석하는 과정에서 자신만의 직관과 상상력을 동원해 행성의 타원궤도운동을 제시하는 등 우주와 행성 운동을 새롭게 설명했다.

천상의 운동이 완벽한 원이어야 한다는 대전제는
어떤 위대한 천문학자도 부정하지 않았던
신의 조화와 섭리를 향한 믿음이었습니다.
그러나 케플러는 결정해야만 했습니다.
브라헤로부터 받은 정밀한 관측 자료들이
오차 없이 잘 들어맞기 위해서는
행성의 궤도가 타원이어야 했기 때문입니다.
요하네스 케플러는 원을 포기하고 타원을 선택함으로써
코페르니쿠스가 촉발하여 600여 년을 끌어오던 논쟁에
종지부를 찍었습니다.

1600년 어느 날 지금의 프라하인 보헤미아에서 드라마 같은 일이 벌어졌습니다. 한 사람의 운명이 바뀜과 동시에 기로에 서 있던 천문학계의 미래가 결정되는 순간이었습니다.

예??? 지금 뭐라고 하셨습니까?
두 번 말하지 않는다!

당시 신성로마제국 황실 천문학자였던 브라헤가 임종을 눈앞에 두고 자신이 평생에 걸쳐 연구하고 정리한 천체 관측 자료를 몽땅 요하네스 케플러에게 물려주겠다고 선언한 것입니다.
케플러는 연구실 조교나 조수도 아니었고 타지에서 온 지 얼마 안 된 이방인이나 다름없었습니다.

케플러가 상속자라니요?
이게 무슨 경우입니까?
막장 드라마가 따로 없습니다!
내 맘이지….

브라헤의 관측 데이터는 타의 추종을 불허하는 정확도와 방대한 양으로 당시 천문학자라면 누구나 탐낼 만한 자료였습니다.

브라헤 자료 갖고 싶다.
나도.
나도.
군침 흘리지 말라.

브라헤 곁에서 오래 일했던 조교와 연구원 들로서는 스승의 결정을 도무지 이해할 수 없었지만 그 순간 브라헤의 정신은 어느 때보다 맑았습니다.

잘못 말씀하신 거 아닙니까?
닥치라고!
재고해 주시죠! 스승님.
닥치라고!
저자가 여기 온 지 얼마나 됐다고 이러십니까?
닥치라고!
우리는 뭐 부려먹기만 하는 조수일 뿐이냐고요!
그걸 이제 알았음?

케플러는 하루아침에 브라헤가 남긴 모든 업적을 이을 적임자가 되었고 곧이어 황실 수학자로 임명되었습니다. 아마도 케플러의 눈앞에는 천문학자가 되리라고는 꿈도 꾸지 못했던 어린 시절이 주마등처럼 지나갔을 겁니다.

돌아보면 참 뭐랄까….
돌아보기 싫구나!

케플러는 힘든 어린 시절을 보냈습니다. 그의 부모는 아들에게 안락함이나 정서적 안정보다는 불안을 느끼게 하는 사람들이었습니다.
아버지는 허세를 부리며 장사로 돈을 날려서 용병으로 전쟁에 나가 종적을 감추었고, 어머니는 주변 사람들을 피곤하게 만드는 인물이었습니다.

부모님 이야기 하자면 누워서 침 뱉기니까 그만합시다.

게다가 천연두를 앓았던 후유증으로 시력이 약해져서
만일 천문학자가 되고 싶었더라도 일찌감치 꿈을 접어야 했을 겁니다.

출신도 환경도 시력도 브라헤 선생과는 정반대죠?
생긴 건요?
나 여자들한테 인기 많았다….
안 봤으니 모를 일이고요.

미래를 예측하기 어렵고 희망이 보이지 않는 고단한 삶에서 벗어나기 위해 그가 선택한 진로는 성직자가 되는 것이었습니다.

신학교 가라. 원서 써줄게.
신부나 목사가 되라고요?
눈 딱 감고 지내면,
먹여주고 입혀주고 대박이야.
대박….

아델베르크 신학교를 거쳐, 튀빙겐 대학에서 신학을 공부할 때만 해도 그는 자신의 미래가 분명하게 정해진 줄 알았습니다.
교과과정에 수학, 물리학, 천문학 등이 포함되어 있었고 당시 신지식이었던 코페르니쿠스의 지동설에도 끌렸지만 성직자가 되려는 마음은 변함없었습니다.

케플러 군, 수학 잘하는데
천문학자 안 되고 싶나?
천문학자요? 그거 하면 먹여주고 입혀줍니까?
그건 벌어서 해야지.
그럼 안 할랍니다.

그러나 하늘이 케플러에게 준 사명은 달랐나 봅니다.
운명은 그가 성직자의 길을 걷도록 내버려 두지 않았습니다.
1594년 마지막 학기부터 일이 꼬이기 시작했습니다.

학장님! 그라츠에서 공문이 왔는데요?
뭐라고 왔는데?
수학 선생이 죽었다는데요?

오스트리아 그라츠 지역 신학교에 수학 교사 결원이 생겨 적임자를 천거해 달라는 요청이 왔는데, 튀빙겐 대학에서 케플러를 적극 밀었던 겁니다.
대학 관계자는 그를 어르고 달래고 설득했습니다.

수학 선생이요?
좋은 기회라니까. 그리고 수학은 네가 짱이잖아?
그거 하면 먹여주고 입혀줍니까?
돈을 주지.
밥은 안 굶겠네요?
암!

수학 교사가 된 케플러는 자연스럽게 천문학에 발을 들였습니다.

열심히 하면 나도 코페르니쿠스만큼 유명해질 수 있을까?
눈이 나빠서 무리겠지?

안 좋은 시력 탓에 관측은 어려웠지만 명석하고 박식했던 케플러는 자신만의 직관과 상상력으로 우주와 행성 운동을 설명하고자 했습니다.

현명한 자는 눈을 감고도
세상의 원리를 알 수 있는 법.

튀빙겐 대학에서 공부할 때부터 코페르니쿠스의 지동설을 적극 지지했던 그는 먼저 궁금한 문제부터 풀어보기로 했습니다.

행성이 왜 여섯 개인가?
각각의 행성들과 태양 사이의 거리에는 어떤 규칙이 있는가?
우린 행성으로 안 쳐줘요?

신이 만든 우주에는 기하학적인 원리가 내재해 있을 거라 믿었던 그는
여섯 개의 행성 궤도를 다섯 개의 정다면체로 설명하는 방법을 찾아냈습니다.

행성이 여섯 개인 이유가 뭔지 아나?
뭔데?
정다면체가 다섯 개이기 때문이지.
싱겁기는.

먼저 제일 바깥쪽에 토성 궤도에 해당하는 천구가 있고,
그 안에 꽉 차는 정육면체, 거기에 **내접*** 하는 목성의 천구,
그 속에 정사면체, 화성의 천구, 정십이면체, 지구의 천구,
정이십면체, 금성의 천구, 정팔면체, 수성의 천구, 중심에 있는 태양….
케플러가 상상한 우주의 모습이었습니다.

* **내접**
원이나 구가 다각형이나 다면체의 모든 변 또는 면에 닿는 일

자! 어떨습니까? 죽이죠?
이걸 상상해 내느라 죽을 뻔했겠네.

기하학적 행성 운동 모형은 결코 과학적인 방법으로 얻어낸 결과가 아니었지만 케플러는 한껏 고무되었습니다.

얼마나 멋진가? 이건 신의 계시야.
신에게 이런 취향이?

그리고 이 내용을 수록한 《우주 구조의 신비》라는 책을 출간했습니다.
얼마나 뿌듯했던지 이 책을 유명 과학자들에게 보냈고,
그중에는 탁월한 연구자로 명성을 떨치고 있던 갈릴레이와 브라헤도 있었습니다.

과학자들이 이거 보고 얼마나 놀랄지 생각하니까 벌써 막 떨린다.

책을 받아본 브라헤는 케플러가 참 별스러운 인물이라고 여겼지만
적어도 기하학에 대한 그의 통찰력과 수학 실력은 인정했습니다.

이자를 조수로 채용하면 꽤 쓸모 있지 않겠어?
근본도 모르는 자를 데려다 뭐에 쓰려고 그러십니까?
근본적으로 수학 실력이 너보다 낫지 않겠어?

책도 한 권 내고 제법 꿈도 야무지게 부풀었지만
그로부터 몇 년간 케플러를 둘러싼 상황이 악화일로로 치닫게 됩니다.

케플러 샘, 지금 그렇게 히죽거리고 있을 때가 아닙니다!
왜?
신교도들이 다 쫓겨날 판이라구요!

1596년, 그라츠가 속한 슈타이어마르크 공국의 통치자가 된 페르디난트 대공은 자신이 믿는 교리에 위배되는 어떠한 종교적 자유도 허용하지 않는 특단의 조치를 내렸습니다. 그는 독실한 가톨릭 신자, 즉 구교도였고, 케플러는 신교도였습니다.

신교도 이놈 자식들 명심해라!
계속 여기서 밥 먹고 살려면 개종을 하든지, 아니면 다 꺼져!

그는 갖은 불이익과 고초에 마음고생을 하며 몇 년을 버텼습니다.

참말로 살기 싫다.

한편, 1599년 브라헤는 여러 사람과의 불화를 겪다가 자신에게 우호적인 루돌프 2세의 궁정이 있는 프라하로 거처를 옮겼습니다. 프라하에서는 개인의 종교에 대해 까다롭게 굴지 않았습니다.

이리 온나. 잘해줄게.

1600년 드디어 케플러에게 기회가 찾아왔습니다.
그의 재주를 아꼈던 한 귀족의 소개로 프라하에서 쉰세 살의 브라헤와
스물여덟 살의 케플러의 역사적인 만남이 이루어졌습니다.

어서 오라! 팽팽한 젊은이로군.
선생님 얼굴에서는 빛이 나는데요!

저명한 노학자는 상상력이 고갈되었지만 황실이 후원하는
전용 연구 시설과 엄청난 보물인 관측 자료를 손에 쥐고 있었고,
새파란 젊은이는 손에 쥔 것은 없었지만 머릿속 가득한
상상력과 빼어난 수학 실력을 갖고 있었습니다.

우리는 정말 반대네요, 그렇죠?
자네, 눈도 나쁘다지?

케플러는 프라하에 머무는 동안 소문으로만 듣던 전설의 관측 자료 중 일부를 맛보기로 확인했고, 거장이 평생 직접 만들고 다듬은 장비와 천문 관측 시설의 위용도 보았고,

저게 바로 그거지요?
뭐 그리 호들갑이여?
예전엔 섬을 통째로 썼다고.
와! 과학은 역시 돈이네요.

기존 연구실 조교와 조수 들의 텃세도 맛보았습니다.

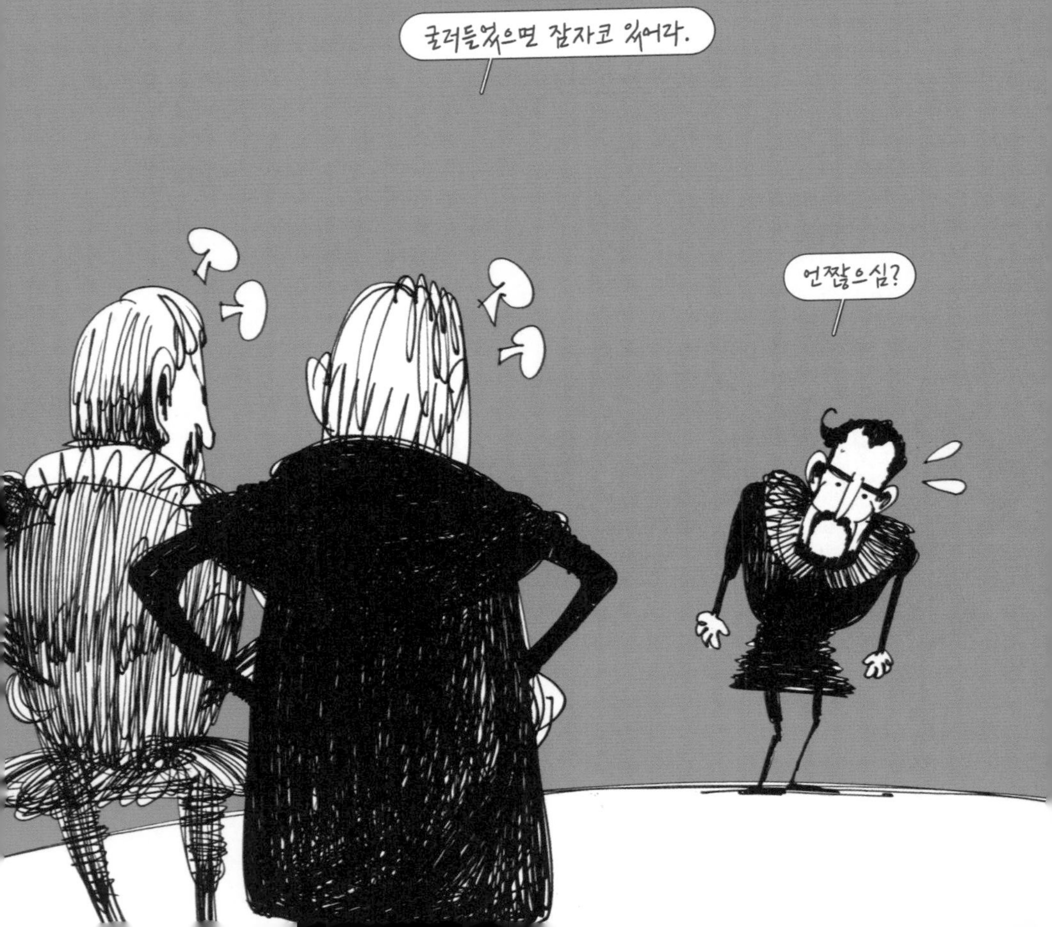
굴러들었으면 잠자코 있어라.
언짢으심?

두 사람이 의기투합할 수 있는 방안을 찾아보기로 합의한 다음 케플러는 가족이 있는 그라츠로 다시 돌아갔지만 상황은 더 나빠졌습니다.

당장 개종 안 할래?

당국은 케플러의 직업과 재산을 박탈하고 추방 명령을 내렸습니다.
사면초가에 몰린 그는 편지를 썼습니다.

도와주십쇼.

브라헤는 원석인 관측 자료를 제대로 가공해서 보석으로 만들어줄 인물이 케플러뿐이라고 생각했기에 곧바로 답장을 썼습니다.

당장 튀어와!
끝내 불러들이시는군.
우린 똘마니였어.

우여곡절 끝에 프라하에 정착하고 조교가 된 케플러는
무엇보다 자료를 보고 싶었습니다.
하지만 브라헤는 찔끔찔끔 열람을 허락하며 젊은이의 태도를 살폈습니다.
자료를 간절히 원한 케플러는 브라헤와는 다른 꿈을 꾸고 있었습니다.

저 녀석이 내 우주 모형을 완성해 줄 수 있을까?
코페르니쿠스의 지동설을 완벽하게 리모델링 할 거야.

그렇게 케플러의 발목을 잡고 있던 미묘한 긴장감은
브라헤의 갑작스러운 병으로 한순간에 사라졌습니다.

뭐라고 하셨습니까?
두 말 하지 않는다!

코페르니쿠스의 과학혁명 이후 천문학 역사에서
드디어 지동설의 피날레가 예고되는 순간이었습니다.

내 자료의 임자는 케플러다.
표정 관리가 안 됩니다!

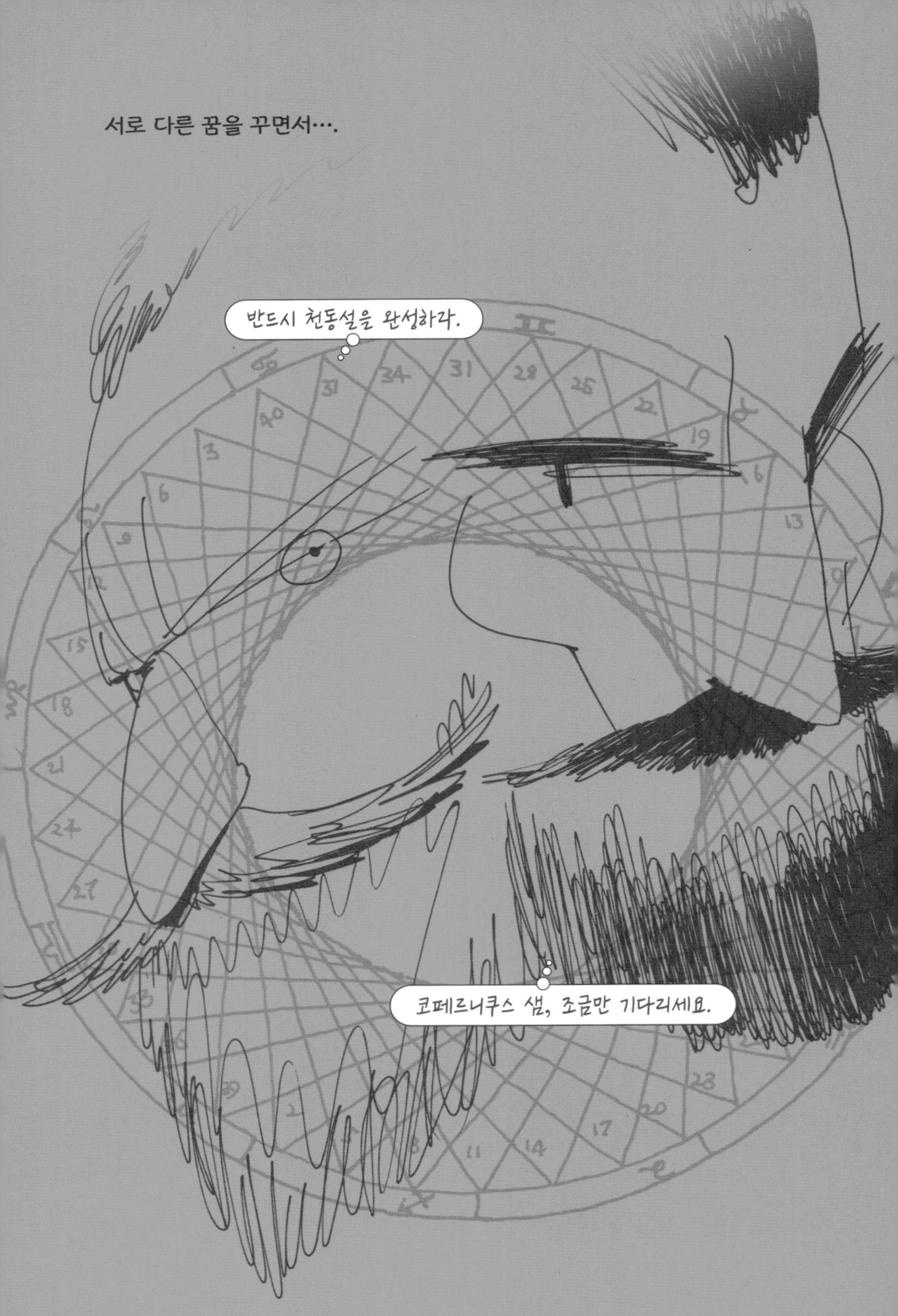
서로 다른 꿈을 꾸면서….
반드시 천동설을 완성하라.
코페르니쿠스 샘, 조금만 기다리세요.

# 07

# 지구를 돌리는 힘

## 윌리엄 길버트

William Gilbert (1544~1603)

영국의 물리학자이자 의사이다. 지구가 그 자체로 커다란 자석임을 발견하고 자침의 움직임을 관찰해 편각과 복각 현상을 밝혀냈다. '자기학의 아버지'라고 불린다.

'지구와 행성을 움직이게 하는 힘은 무엇인가?'

케플러가 이런 궁금증을 품고 있을 때,

영국의 한 내과 의사도 지동설이 단지 가설이 아니라

실제적인 천체 운동을 설명하는 이론이라고 믿으며

그 힘의 정체를 밝히는 연구를 수행하고 있었습니다.

그 의사의 이름은 윌리엄 길버트.

1600년, 그는 자석에 관한 오랜 실험과 연구를 바탕으로

지구가 거대한 자석이라는 내용을 담은 《자석에 관하여》를

발간했습니다. 길버트의 이론에 깊이 공감한 케플러는

자기력을 행성 운동 법칙의 바탕으로 삼았습니다.

케플러는 브라헤가 애지중지하던 관측 자료를 통째로 넘겨받았지만 자료를 천동설 연구에 사용하라는 고인의 유지는 가볍게 무시했습니다. 케플러의 과학적 신념과 존경은 오로지 코페르니쿠스를 향해 있었습니다.

본격적으로 지동설 연구를 해볼까?
이봐, 스승님의 뜻을 거스르는 건가!
과학을 의리로 하나?

케플러는 자신감에 차 있었을 겁니다. 자타가 공인하는 수학 실력자이니 정밀한 브라헤의 관측 기록들만 계산하면 만사형통일 줄 알았을 테죠.

두고 봐, 코페르니쿠스의 이론이
참이라는 걸 증명하는 건 시간문제라고.
시간이 언제 가는지도 모르게 될 게야.

하지만 그 작업은 결코 순탄치 않았습니다. 일단 브라헤의 자료가 워낙 방대해서 화성 궤도를 계산하는 것만도 몇 년씩이나 걸렸습니다.

밤낮으로 계산해도 끝이 안 나네….
스승님 자료를 냅다 받아먹은 대가를 치러야 하지 않겠어?

지금은 아무리 많은 데이터라 할지라도 컴퓨터에 입력하고 버튼만 누르면 정산된 값이 출력되지만 케플러는 오로지 머리와 손으로 계산해야 했습니다.

브라헤 샘이 인간 망원경이었다면 나는 인간 계산기라고.
고장 안 나고 어디까지 가나 두고 본다!

그런데 케플러가 넘어야 할 큰 산은 따로 있었습니다.
지동설이 옳다는 신념을 갖고 아무리 계산을 해봐도 태양을 중심으로 원운동을 하는 화성의 궤도에서 계속해서 오차가 생겼기 때문입니다.

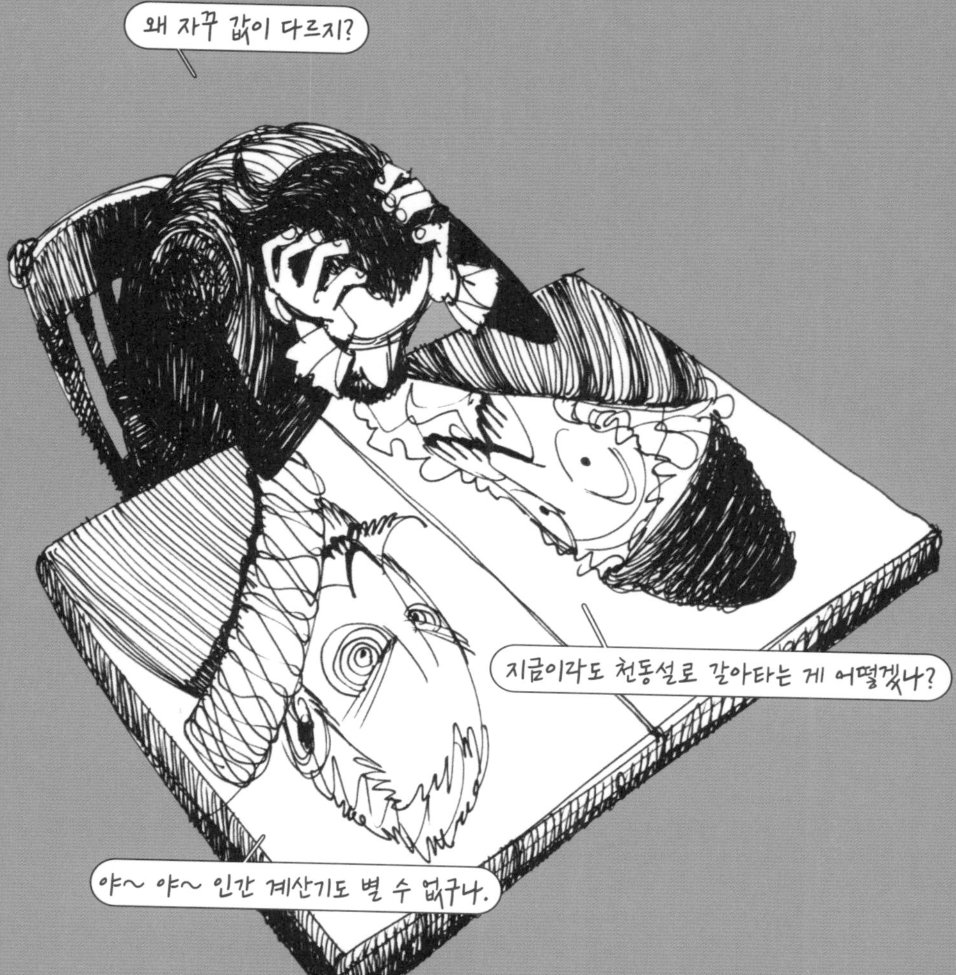
왜 자꾸 값이 다르지?
지금이라도 천동설로 갈아타는 게 어떨겠나?
야~ 야~ 인간 계산기도 별 수 없구나.

결국 케플러는 좀 다른 관점에서 다시 출발하는 수밖에 없었습니다.
원이 아닌 타원 궤도에 브라헤의 관측 자료를 적용해 보는 것이었습니다.

그렇지, 천동설로 돌아가는 거지?
응? 뭐라고? 타원?
동그라미마저 찌부러트린다고?
갈 데까지 가보겠다는 수작?

원운동을 포기한다는 것은 쉽지 않은 선택이었습니다. 코페르니쿠스를 비롯한 선배 천문학자들처럼 케플러 또한 신의 섭리는 가장 단순하고 완벽한 원의 형태로 표현되었을 거라고 굳게 믿었기 때문입니다.

혹시나 하는 심정입니다. 용서해 주세요. 아멘~.
그런다고 달라지는 게 있겠어?

앞서간 많은 학자가 그 [illegible]에서 더 나아가지 못했지만 [illegible] 눈물을 머금고 신앙심이나 신비주의보다 과학과 인식의 전진을 택했습니다.

자! 갑니다!
넘지 말아야 할 선을 기어이….
누가 좀 말려라.
차마 눈 뜨고 못 보겠다.

결과는 놀라웠습니다. 행성의 궤도를 타원으로 하고 그 타원의 두 초점 중 하나에 태양을 위치시켰더니 많은 문제가 순조롭게 풀렸습니다.
복잡했던 **주전원***과 **이심***에 관한 문제도 사라졌습니다.

* **주전원**
천동설에서 천체의 움직임을 설명하기 위해 만든 개념으로, 천체가 작은 원을 그리며 큰 원 궤도 위를 이동한다는 설이다.

* **이심**
역시 천동설에서 행성의 궤도가 반대로 가는 '역행' 현상 등을 설명하기 위해 만든 개념으로, 천동설을 지지하는 천문학자들은 천체가 지구를 중심으로 돌지만, 그 공전 궤도의 중심은 지구에서 조금 떨어진 한 점인 '이심점'에 있다고 설명했다.

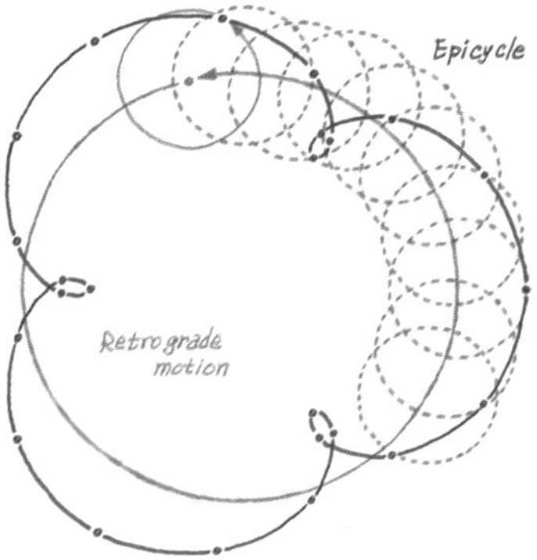


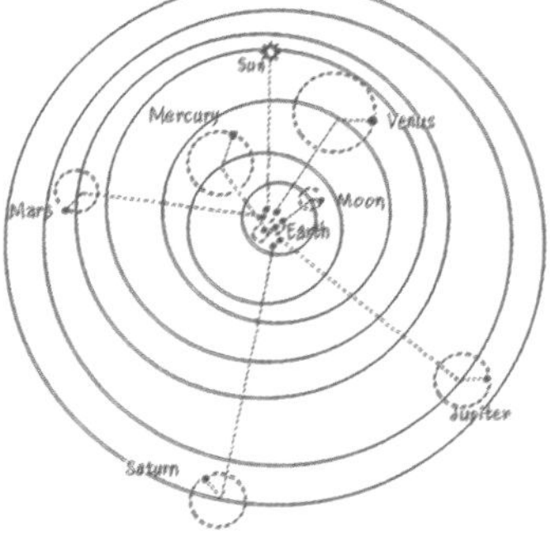

그리고 이미 관측과 계산을 통해 어느 정도 예측하고 있었지만, 행성이 태양에 가까이 접근할 때 빨라졌다가, 멀리 떨어질 때 느려지는 현상도 설명이 가능해졌습니다.

나 여기만 오면 왜 빨라지지?
케플러한테 물어봐.

행성이 궤도를 돌 때 어느 지점에서나 태양과 연결한 가상의 직선이
같은 시간 동안 지나간 면적은 항상 동일하다는
행성 운동의 법칙을 발견한 것입니다.

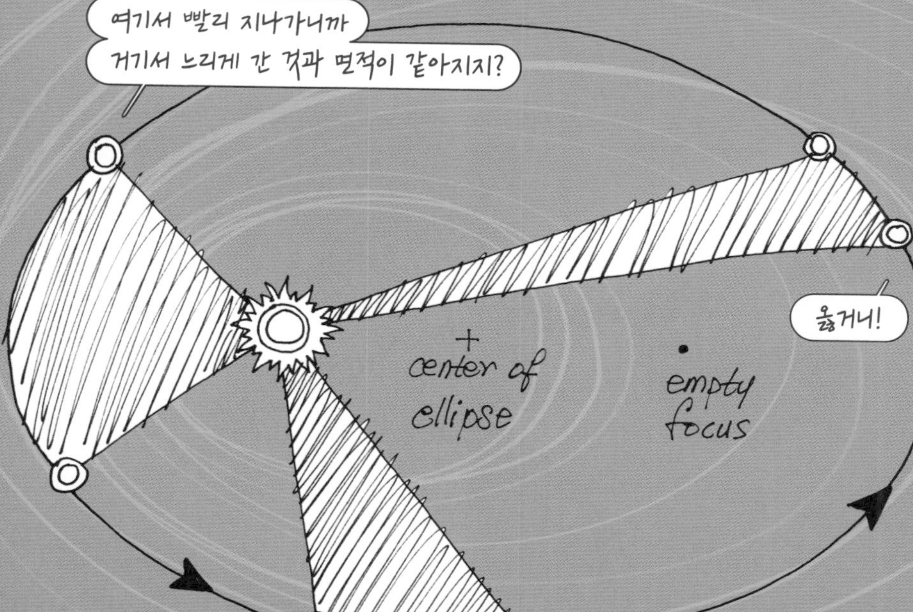
여기서 빨리 지나가니까
거기서 느리게 간 것과 면적이 같아지지?
옳거니!
center of ellipse
empty focus

그런데 케플러가 책임져야 할 것이 남았습니다.

행성의 운동에 변화를 주는 힘의 원천이 대체 무엇인가 하는 문제였습니다.

무슨 힘이 우리를 빠르게 돌다가
느리게 돌게 하는 것일까?
그것도 달걀 모양으로.
산 넘어 산이다.

이것은 케플러만의 고민이 아니었습니다. 영국에서 잘나가던 의사 윌리엄 길버트 또한 지구가 무슨 힘으로 움직이는지 궁금했습니다.

지구에는 뭔가가 분명 있다고.
의사 양반, 나 배 아프다고.

길버트는 케플러처럼 코페르니쿠스를 존경하고 지동설을 믿는 사람이었습니다. 그래서 지동설을 보편적인 세계관으로 정립하려면 무엇보다 그 문제에 답할 수 있어야 한다고 생각했습니다.

코페르니쿠스가 미처 풀지 못한 문제를 내가 해결해 보겠어.
소화제라도 주고 나서 좀….

그는 지구를 밀거나 끄는 힘이 외부에 없다면 그 자체의 힘으로 움직일 거라는 상상력에서 출발했습니다. 그래서 스스로 움직이는 물건에 주목했는데 그것은 바로 나침반이었습니다.

당시 항해에 쓰이던 나침반이 한쪽 방향으로 움직이는 것을 보고 사람들은 비과학적인 상상을 했습니다.

북극성이 잡아당기는 거 아니겠어?
아니면 북쪽에 거대한 자석산이 있거나?

길버트는 지구가 그 자체로 거대한 자석일 거라는 남다른 생각을 해냈습니다. 그리고 가설을 입증하기 위해 실험을 했습니다.

우리는 돌고 있는 자석 위에 서 있는 거야.
그런 소리 들으니 머리가 띵 하긴 하다.

자철석을 직접 구 형태로 깎아서 지구 모형 자석을 만들고 이름도 붙였습니다.

그리고 그 위에 작은 나침반을 올려 위치를 바꿔가면서

나침반 바늘이 어떻게 움직이는지 관찰했습니다.

자! 내가 만든 건데, 이름은 '테렐라'.
작은 지구라는 뜻의 라틴어지.
Terrella
환자보다 더 보살피네.

길버트는 나름 만족스러운 결과를 얻었습니다. 편각과 복각 현상이 나타난 것입니다. 무려 17년간의 실험으로 확신을 다진 길버트는 1600년 《자석에 관하여》라는 책을 출간했습니다.

GVILIEL. GILBERTI
편각은 지리상 북극과 나침반 바늘이 가리키는 N극 사이의 각도,
복각은 지구 자기의 방향이 수평면과 이루는 각이야.
나는 편두통에 복통이라고.

길버트의 이론이 나왔을 때 모두가 고개를 끄덕이지는 않았습니다.

지구는 자기장에서 나오는 힘으로 움직이는 것이다.
지구가 살아 있다는겨?
그렇다니까.

하지만 갈릴레이나 케플러 같은 과학자들에게는 큰 영향을 끼쳤습니다.

TRACTATVS
Siue
PHYSIOLOGIA NOVA
DE MAGNETE.
오호! 의사 선생이 제법?
어떻게 이런 생각을 했을까?

특히 케플러는 길버트의 실험에 관해 듣자마자 깊이 공감했습니다.
태양을 포함한 모든 행성이 자기력을 갖고 있고
그 상호작용으로 천체가 운행한다고 결론지었습니다.

앓던 이가 빠진 것 같다!

그리고 두 가지 법칙을 담은 책 《새로운 천문학》을 1609년에 출간했습니다.

어때? 죽이지?
케플러 제1법칙: 행성은 태양을 초점으로 하는 타원형 궤도를 그린다.
케플러 제2법칙: 태양과 행성을 잇는 직선이 같은 시간 동안에 그리는 면적은 언제나 일정하다.
empty focus
죽이건 말건 애써 무시하자….

아리스토텔레스 방식의 우주관에서 원이라는 관념과 등속이라는 불변의 원리가 케플러에 의해 근대 천문학에서 사라지게 된 겁니다.

형님, 이제 우주에 설 자리가 없어지셨네요?
너나 나나 노벨상 못 받긴 마찬가지···.

케플러는 《새로운 천문학》 발표 이후 부인과 아들의 사망,
프라하에서 린츠로의 이주 등 다사다난한 삶을 살았지만
그 와중에도 연구를 계속했고 1619년 《세계의 조화》를 출간했습니다.
그 책에는 바로 케플러 제3법칙이 수록되었습니다.

Ioannis Kepplori
HARMONICES
MVNDI
LIBRI V.
행성이 태양 궤도를 한 바퀴 도는 데
걸리는 시간의 제곱은 태양과 행성 사이의
평균 거리 세제곱에 비례한다.

1617년에서 1621년에 걸쳐 케플러는 코페르니쿠스 이론을 설명한 《코페르니쿠스 천문학 개요》를 발표했고 1627년에는 행성 궤도의 정확한 관측표를 만드는 작업이었던 《루돌프 목록》 간행을 완수해 당시 신성로마제국 황제였던 페르디난트 2세에게 헌정했습니다. 이 목록의 이름은 자신과 브라헤를 궁정으로 불러들였던 황제 루돌프 2세의 이름을 딴 것입니다. 지동설을 완성하고 근대 천문학의 튼튼한 집을 지은 케플러는 1630년 독일 레겐스부르크에서 생을 마감했습니다.

# 08

# 망원경으로 찾은 지동설의 증거

## 갈릴레오 갈릴레이 1

Galileo Galilei (1564~1642)

이탈리아의 천문학자이자 물리학자이며 수학자이다. 코페르니쿠스의 지동설을 지지했으며, 망원경을 통한 관측으로 다양한 증거를 수집했다. 관성의 개념을 제안했다.

갈릴레오 갈릴레이를 이야기할 때마다
등장하는 두 가지 일화는
"그래도 지구는 돈다"라는 명언과
'피사의 사탑'에서의 낙하 실험입니다.
둘 모두 진위를 뚜렷하게 알 수는 없지만
오늘날 과학계는 그가 성취한
천문학과 물리학 분야의 업적에
존경과 찬사를 보냅니다.
갈릴레이는 코페르니쿠스의 지동설을 증명했으며,
운동역학에서는 훗날 뉴턴이 올라탄
가장 큰 거인이 되었습니다.

1633년 교황청은 시중에 나와 있던 책 한 권을 매우 위험한 금서로 지정했습니다.

이런! 발칙하고 해롭기 짝이 없는 책을 봤나!

책을 가진 사람들은 즉시 거주지 종교 재판관에게 신고하고 반납해야 했습니다.

모조리 수거해라!
압수해라!
돈 주고 산 사람들은 어떡합니까?

책을 쓴 저자에게도 엄한 벌을 내렸습니다.

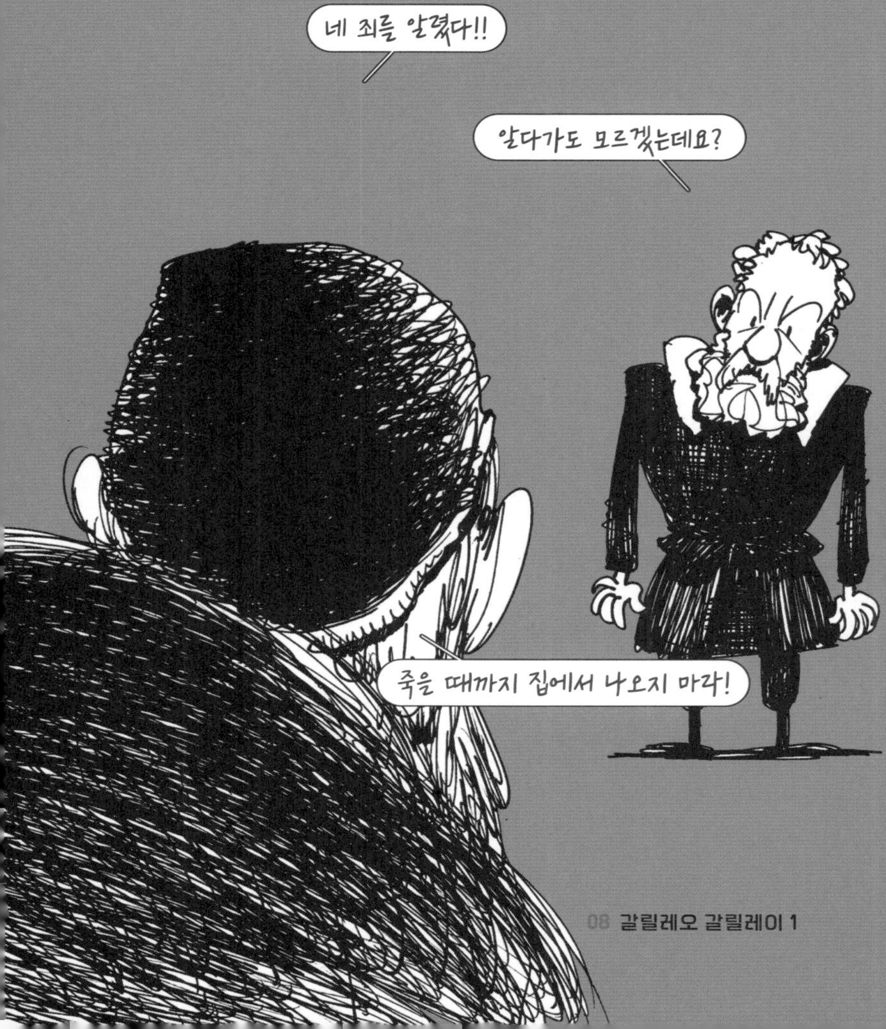
네 죄를 알렸다!!
알다가도 모르겠는데요?
죽을 때까지 집에서 나오지 마라!

문제의 책은 1632년 1,000부를 출간한 《두 우주 체계에 관한 대화》이고, 쓴 사람은 이름만 들으면 모두가 아는 과학자 갈릴레오 갈릴레이였습니다.

가톨릭교회는 앞으로 너를 절대 용서하지 않겠다.
마음 바뀌려면 적어도 300년은 걸릴 거다.
딴 사람들에 비해 저한테만 너무 심한 거 아녜요?
너한테 유독 배신감이 커서 부들부들 떨려서 그런다!

금서 조치가 내려지자 오히려 사람들은 책을 구하려고 열을 올렸고, 그 바람에 품귀 현상이 일어나 책값은 몇 배나 뛰었습니다.

나한테 그 책 팔아라. 다섯 배 쳐줄게.
싫다.
넌 글도 모르잖아?
글은 몰라도 돈 되는 건 안다.

당시 가톨릭교회의 관점에 반하는 코페르니쿠스의 지동설을 지지한 내용 때문이기도 했지만, 더 문제가 되었던 것은 갈릴레이가 이전에 했던 약속을 어기고 교황을 농락했다는 괘씸죄였습니다.

17년 전에 너 맹세했잖아? 다시는 안 그런다고!
그래놓고 또 이러면 어떡해, 응?
그리고 너 균형 감각 있게 쓸 거라고 나 꼬드겼지?
그런데 대놓고 지동설 옹호해? 그럼 난 뭐가 되니?

1616년 갈릴레이는 지동설을 지지하는 관점의 발언이나 강의를 하지 않겠다는 맹세를 한 적이 있었습니다.

지구가 돈다는 헛소리 또 할래? 안 할래?
헛소리가 아니라 우주 과학을 향한 위대한 상상력이 강력한 리비도의 승화처럼 분출되면서 언어 형식을 띠는 것이지만 그래도 하지 말라니까 안 할게요.

그러나 갈릴레이는 지동설을 멋지게 증명할 기회를 엿보고 있었고, 친분이 있었던 바르베리니 추기경이 우르바노 8세로 교황에 즉위하자 바로 이때다 하고 교황을 꼬드겼던 겁니다.

제가 천동설과 지동설을 비교 분석하는 책을 꼭 쓰고 싶거든요.
왜?
저처럼 머리 좋고 수완 좋은 사람은 역사에 이름 남기고 싶어 늘 안달이거든요.
그럼 말 안 나오게 공평하게 써라.
옙!!

하지만 책이 나오자 갈릴레이가 교묘하게 천동설과 교회의 입장을 비웃고 있다는 걸 간파한 교황은 머리 꼭대기까지 화가 치밀었던 겁니다.

혼 좀 나볼래?
저한테 왜 그래요?
넌 나한테 모욕감을 줬어.

사실 지구가 도는지 아닌지에 관한 논쟁은 어제오늘 일이 아니었습니다.
1543년 이미 코페르니쿠스가 지동설을 발표했고,
케플러는 심지어 지구와 행성들이 타원으로 돈다는 주장까지 펼쳤지만
교황청은 유독 갈릴레이만 엄격하게 처벌했습니다.

집에 가둬. 못 나오게 해!
솔직히 말해봐요. 왜 나만 갖고 그런대요?
네가 젤 미워서 그런다.
왜요?
성격이 젤 나빠.

갈릴레이는 1616년 교황청의 경고를 받기 전부터 가톨릭교회와 줄곧 대립하며 미움을 샀습니다. 하지만 교회가 특히 예의 주시 했던 까닭은 그가 제시한 지동설의 증거들이 예전에 비해 더욱 확실하고 실증적인 것들이었기 때문입니다.

그래요. 잘못했어요. 이제부터 자숙할게요.
이게 다 제가 워낙 제대로 잘해서 생긴 일이니까요.
누굴 탓하겠어요? 다 제가 잘난 탓이죠.
쟤 좀 빨리 가둬!

갈릴레이가 수집한 증거들은 망원경을 통해 얻은 것들이었습니다.

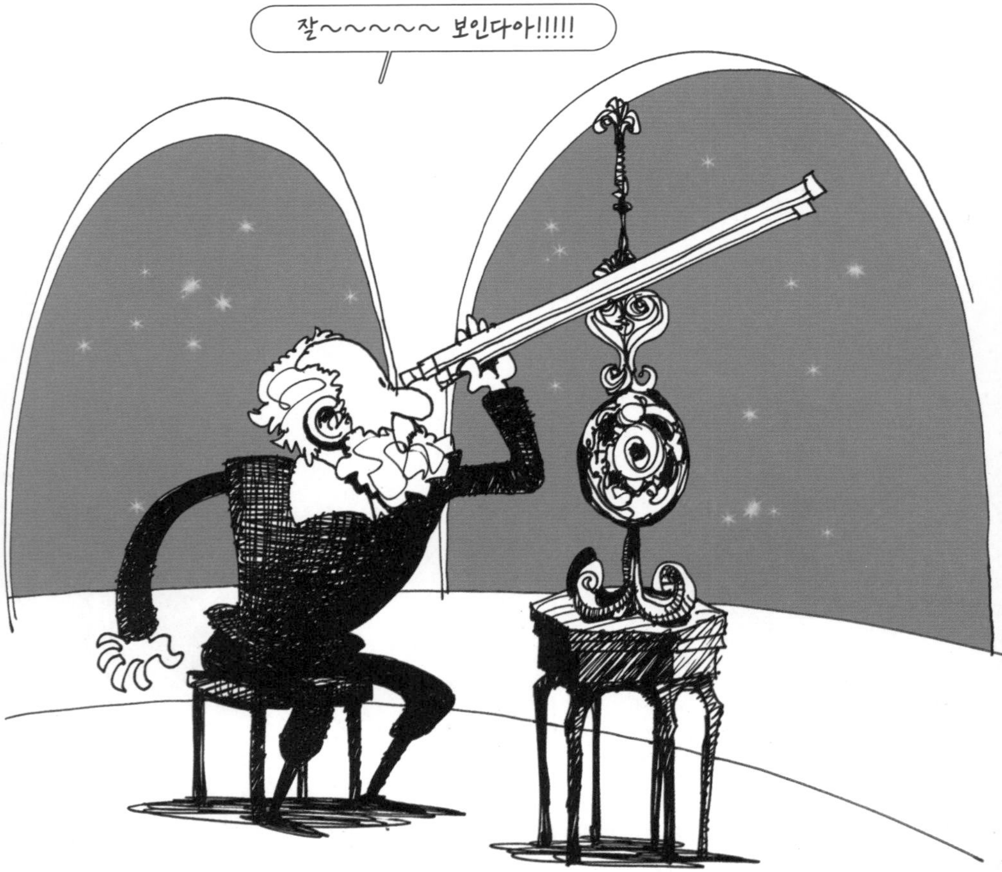
잘~~~~~ 보인다아!!!!!

이탈리아 파도바 대학의 수학 교수로 재직 중이던 1609년,
갈릴레이는 성능 좋은 망원경을 직접 제작했습니다.

네덜란드 사람이 발명했다는 망원경 얘길 들었어요.
남들은 그걸 돈 주고 사겠지만, 저는 그 까짓 거 손수 만들어버리지 생각했죠.
그래서 8배율, 20배율, 30배율까지 만들었어요.
다 제가 잘나서 그런 거죠.

멀리 있는 것들을 가까이 당겨서 볼 수 있는 새로운 물건이 등장했을 때 사람들은 뭘 봤을까요?

적들을 살펴야지.
새를 관찰해야지.
내 것은 천체망원경이여!!

갈릴레이는 렌즈의 방향을 별과 달이 있는 하늘로 돌렸습니다.
맨 먼저 달부터 관찰했습니다.
아리스토텔레스의 우주관에 따르면 달은 천상과 지상의 경계에 해당했고, 사람들은 달을 완벽하게 둥근 구의 형태로 상상했습니다.

달아, 달아, 밝은 달아~
저거 달 맞아?

그런데 갈릴레이가 망원경으로 본 달의 표면은 울퉁불퉁했습니다.

산도 있고 계곡, 분화구 같은 것도 있는 것 같아.
선생님, 무슨 얼토당토않은 말씀을…. 달은 순결하고 흠 없는 천체입니다.

달이 4원소로 구성된 지상계의 지구 표면처럼 불완전하다는 사실이 딱히 지동설의 증거가 되지는 않지만, 아리스토텔레스-프톨레마이오스 우주관에 오류가 있다는 걸 눈으로 확인했다는 데 의미가 있었습니다.

이것은 시작에 불과해.
!

갈릴레이는 1609년 11월 30일부터 12월 18일까지 망원경으로 관찰한 달을 그림으로 남겼습니다.

잘 그리시네요?
나 원래부터 그림 잘 그렸어.
화가한테 원근법이랑 명암 표현법도 배웠어.
못 하는 게 없으시네요?
응, 아무리 찾아봐도 없어.

목성도 관찰했습니다. 1610년 1월 목성 주위에서 발견한 별들의 동태를 관찰하고 기록을 남겼는데, 그것들은 천동설에서 말하는 천구에 속한 항성이 아닌 목성 주위를 돌고 있는 네 개의 위성이었습니다.

제가 목성에도 달이 있다는 걸 알아냈습니다!
그것도 네 개씩이나 말이죠.
아리스토 형님은 이제 큰일 났습니다!
혼자 잘난 척하다가 머지않아 큰일 당할 게다.

내친김에 그는 망원경 시야를 더 넓혀서 하늘에 있는 수많은 별을 관찰하고 육안으로 보았을 때와 비교해 보았습니다.

수성이나 금성 같은 행성들은 망원경으로 볼 때 크기가 좀 더 잘 보이는 반면, 붙박이별이라는 항성들은 별 차이가 없었어요.
그래서 뭐?
게다가 맨눈에는 안 보이는 별들도 무수히 많아요.

그가 내린 결론은 지구로부터 일정한 거리의 천구에
별들이 야광 스티커처럼 붙어 있고 천구가 원운동을 한다는 천동설이
완전히 틀렸다는 거였습니다.

우주는 말이죠, 생각보다 훨씬 더 크다니까요.
어쩌면 무한할지도 몰라요.
그 먼 별들이 뭔 재주로 하루에 한 바퀴씩 돌겠어요?
지구가 우주의 중심이 아닌 게 분명해요!
발언이 점점 위험해진다.

그 밖에도 금성 역시 달처럼 위상 변화가 있다는 것과 태양의 흑점도 관찰했습니다. 전통적인 우주관을 정면으로 반박한 갈릴레이는 교회의 미움을 사기 시작했습니다.

망원경으로 본 것들이 죄다 아리스토텔레스, 프톨레마이오스가 틀렸고 코페르니쿠스가 옳았다는 걸 보여주는 증거다 그 말이죠.
더 이상 못 참는다.

그러나 1610년, 갈릴레이는 주저하지 않고
자신이 관찰하고 기록한 모든 증거를 담은 보고서를 발표했습니다.

SIDEREVS NVNCIVS
GALILEO GALILEO
MEDICEA SIDERA
제목은 《시데레우스 눈치우스(별의 전령)》이에요.
별 세계에 관한 소식이 담겨 있죠.
결국 책을 내는구나.

이 책자는 엄청난 반향을 불러일으켰고 갈릴레이의 명성도 수직 상승했습니다.

물론 명성에 걸맞게 그를 향한 비난도 거셌습니다.

천동설이 와해되는 걸 더 이상 두고 볼 수 없다고 판단한 교회와 교황청은 그를 징계하기로 결정했고, 1616년 갈릴레이로 하여금 다시는 지동설을 지지하지 않겠다는 맹세를 받아낸 것입니다.

하지 말라니까 안 할게요.
무서워서 피하는 거 아녀.

그런데 갈릴레이는 1632년 그 맹세를 깨고 또다시 책 《두 우주 체계에 관한 대화》를 출간했고, 결국 1633년 가택 연금을 당했습니다.

DIALOGO
GALILEO
GR DVCADITOSCANA
갈릴레이 격리됐대.
전염병 걸렸나?
내가 잘난 탓이지.

갈릴레이가 마지막 순간까지 신념을 버리지 않고
"그래도 지구는 돈다"라고 중얼거렸다는 일화를 증명할 방법은 없지만,
그는 관찰을 통해 지동설을 유효하게 증명했고
근대 천문학으로 향하는 가교를 놓았습니다.

방금 뭐라고 했어?
암말도 안 했어요.

갈릴레이에게 죄를 씌우고 불명예를 안겨준 가톨릭교회는
그가 죽은 지 350년이 지난 1992년에 이르러서야
공식적으로 과오를 인정하고 갈릴레이에게 사죄했습니다.
하지만 세상은 이미 그전부터 갈릴레이가 옳았다는 걸 알고 있었습니다.

알고 봤더니 지구는 돈다. 그래서
큰 맘 먹고 갈릴레이를 복권하노라.
하하하하
하하하하
부끄럽다.
하하하하
뭐래냐?

# 09

# 세상이 운동하는 법칙

## 갈릴레오 갈릴레이 2

Galileo Galilei (1564~1642)

갈릴레이는 행성과 별 들의 운행과 더불어

우리가 살고 있는 땅 위의 모든 물질에 적용할 수 있는

보편적인 운동 법칙을 찾고자 했습니다.

자유낙하와 관성에 관한 그의 창의적인 실험들은

근대 물리학의 토대가 되었습니다.

무게가 다른 물체를 동시에 떨어뜨리면 어느 것이 먼저 땅에 닿을까요?

상식적으로는 무거운 물체가 더 빨리 낙하할 거라 생각하기 쉽습니다.
과학책에서 힌트를 얻기 전까지는 말이지요.

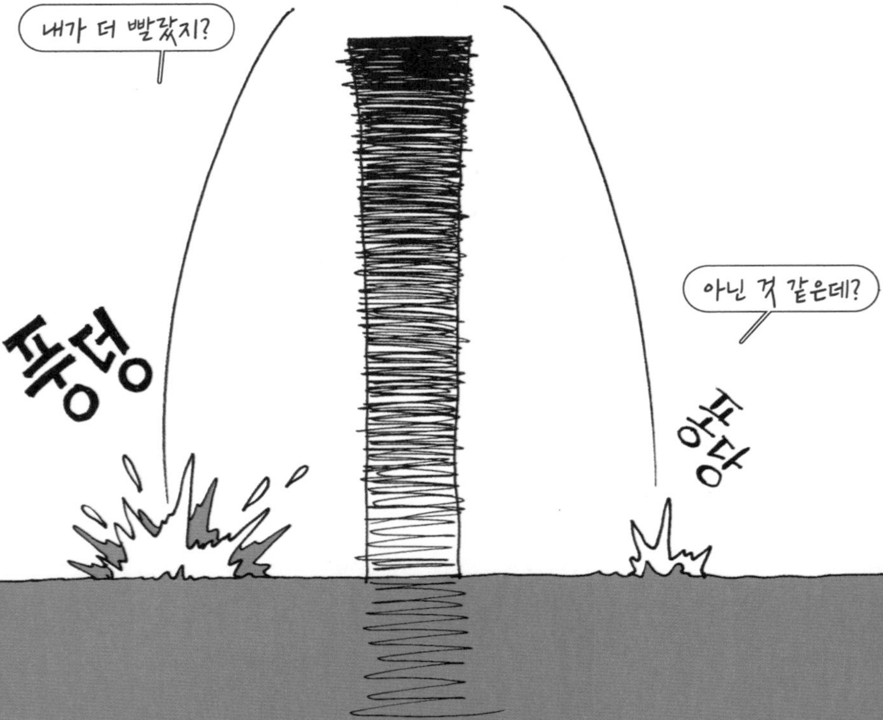
내가 더 빨랐지?
풍덩
아닌 것 같은데?
퐁당

갈릴레이가 피사의 사탑 꼭대기에서 공을 떨어뜨렸다는 일화가 있긴 하지만, 그런 식으로 자유낙하 하는 물체의 속도를 정확히 관찰하기는 어렵습니다.

잘 봐!
내가 한 실험은 훨씬 논리적이었는데?

갈릴레이는 그전까지 누구도 상상하지 못했던
자신만의 방법으로 자유낙하 실험을 했습니다.
경사진 빗면에 매끄러운 홈을 파고 그 위로 공을 굴리는 것이었죠.

일단 마찰력을 최소화하고 굴렸어요. 경사가 완만하니까 시간 재기도 쉽겠죠?
뭐라고?
경사면을 구르는 거랑 수직으로 추락하는 게 같나?

경사를 가파르게 할수록 점점 더 수직에 가까워지기 때문에,
완만한 경사에서의 실험을 통해 자유낙하 속도와 거리를
추론하는 것이 타당하다는 것이었습니다.

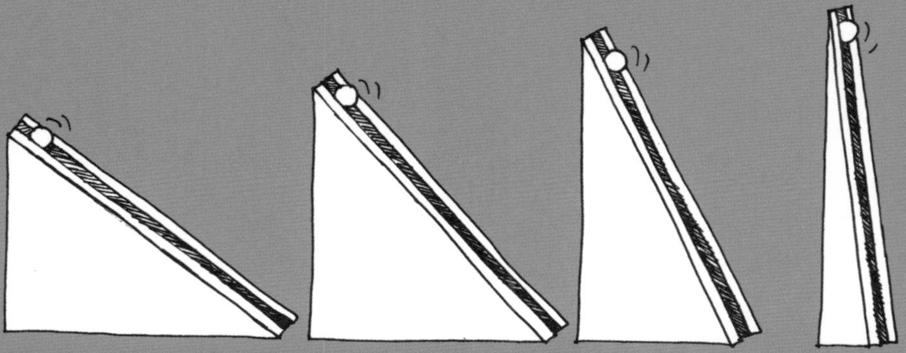

저를 천재라고 얼마든지
칭찬하셔도 안 말리겠습니다.
흥!

갈릴레이는 이 실험을 통해 물체는 질량에 관계없이 같은 속력으로 낙하한다는 사실뿐 아니라, 낙하 중에 이동한 거리가 일정 비율로 증가한다는 것도 알아냈습니다.

만약 이 구슬이 1초 뒤에 1cm 낙하했다면,
여기에 또 1초가 지난 2초 뒤에는 3cm만큼 더,
3초 뒤에는 5cm만큼 더 낙하해요.
패턴이 읽히죠?

결국 공이 굴러간 거리가 경과 시간의 제곱에 비례한다는 공식이 나옵니다.

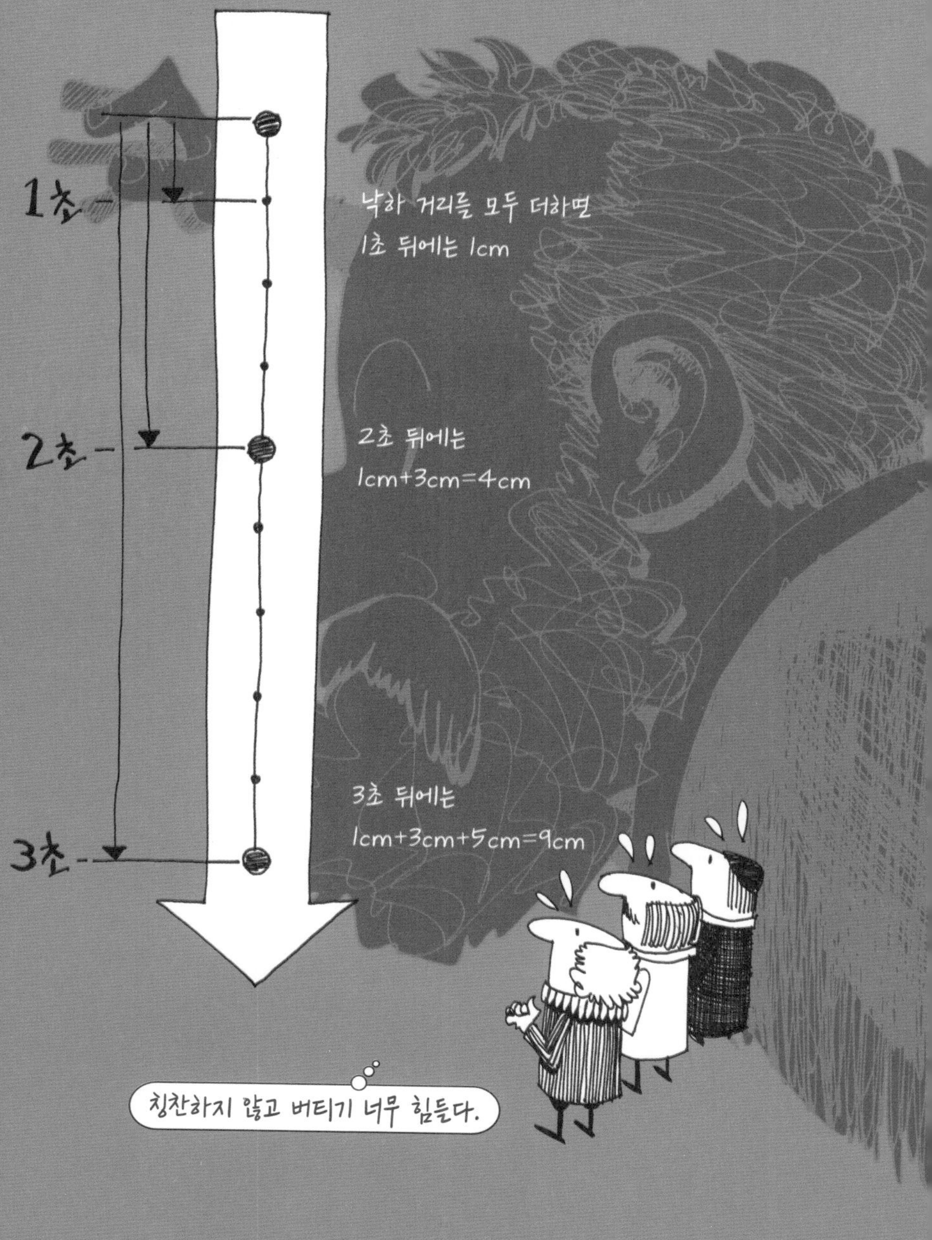
1초
2초
3초
낙하 거리를 모두 더하면
1초 뒤에는 1cm
2초 뒤에는
1cm+3cm=4cm
3초 뒤에는
1cm+3cm+5cm=9cm
칭찬하지 않고 버티기 너무 힘들다.

요즘이라면 진공 상태에서 실험하면 되지만 갈릴레이는 스스로 고안한 독특한 실험으로 물체가 자유낙하를 할 때 발생하는 가속도의 중요한 개념을 알아낸 겁니다.

속도는 무게가 아닌
시간에 비례해서 증가하는 거예요!
천재다!!
사랑해!!

갈릴레이는 그런 식으로 1,000년도 넘게 상식으로 통했던 아리스토텔레스의 세계관을 하나씩 허물어갔습니다.

자! 공기저항이 없다면 무게가 달라도
동시에 추락하겠죠? 형님께서 틀린 거예요.
너무 우쭐대지 마라.
이건 시작에 불과해요.

아리스토텔레스에 따르면 자연적 운동은 세 가지였습니다.

천상계의 등속원운동,
지구상에서 물체가 아래로 떨어지는
직선하강운동,
가벼운 것이 위로 향하는 상승운동.
그 외에는 모두 비자연적이고
난폭한 운동이니라.
난폭하게 떨어지는 거 볼래?

또 아리스토텔레스는 물체가 비자연적인 운동을 하는 동안에는 힘이 필요하고, 그 힘은 물체에 접촉한 상태여야 한다고 했습니다.

화살이 날아가는 건 공기의 힘이 계속 화살을 밀기 때문이야.
그럼 힘이 떨어지면 화살도 느닷없이 뚝 떨어집니까?
암!
진공 상태에서 운동은 없습니까?
진공? 그런 상태는 없다!

하지만 갈릴레이는 포탄이나 화살의 경우,
발사될 때 가해진 힘과 지구 중심을 향한 자연적 힘(중력)의 영향을
동시에 받는다는 사실을 알아차렸습니다.

봐요! 이렇게 포물선을 그리죠?
자연적 운동 따로, 비자연적 운동 따로.
그게 아닌 거예요.

더 나아가 모든 물체는 그 상태를 지속하려는 속성이 있다는 것,
바로 관성의 개념을 제안하기도 했습니다.

정지한 물체는 계속 정지해 있으려 하고, 운동하는 물체는 계속 운동하려고 한다 그 말이죠.
그기 무슨 뚱딴지 같은 소리고?
정지한 상태의 물체를 그냥 내버려 두는 거랑 일정한 속도로 직선운동 하는 물체를 내버려 두는 거랑 매한가지라는 뜻이에요.
그러니까 그게 무슨 소리냐고?

관성 개념을 도출한 갈릴레이의 실험도 참 독창적입니다.
그는 경사진 빗면을 마주 보게 하고 공을 굴려보았습니다.

공은 내려가기 시작한 지점의 높이만큼 다시 굴러 올라갔어요.
그래서 뭐?
경사를 달리하면 어떻게 될까요? 맞은편으로 굴러 올라간 높이는 역시 같았거든요.
그래서??

급기야 반대편의 경사를 없애고 평지로 만들면?

마찰도 공기저항도 없다고 가정해 봐요.
어쩌면 영원히 안 멈추고 굴러가겠네?
그럼요. 천사가 나타나서 가로막지 않는다면요.

나중에 뉴턴이 우주 전체 운동에 적용한 관성과 중력은 갈릴레이가 보는 한 지구상의 모든 물체의 운동을 설명할 수 있는 개념이었습니다.

저는 제가 너무 대견합니다.

갈릴레이는 관성 개념으로 지구가 회전하며 운동한다는 코페르니쿠스의 지동설을 확증했습니다.

애초에 누가 왜 지구를 밀었는지는 따지지 말아요.
뭔가가 나타나서 막지 않는 한 지구는 영영 돌 거니까요.
그런데 왜 직진 안 하고 둥글게 도니?
그건 나중에 뉴턴한테 물어봐요.

그래도 의문을 품은 사람들은 지구가 내달리는데 왜 지구에 사는 사람들은 그 운동을 느끼지 못하냐는 매우 상식적인 질문을 하기도 했습니다.

어지럽냐?
아니.
나는 좀 어지럽다.
넌 술 먹었잖아.

갈릴레이는 운동의 상대성으로 답했습니다.

우리는 등속으로 운동하는
지구 위에 올라탄 상태거든요.
가만히 있어도 지구만큼 달린다는 거냐?
그렇지요.
지금은 왜 더 달리냐?
남들이 앞서가는 꼴 보기 싫어서요.

지구가 운동한다면 수직으로 던져 올린 공이
왜 지구가 이동한 거리만큼 지난 지점에 떨어지지 않는가에 대한
질문에도 갈릴레이는 같은 방식으로 대답했습니다.

지구도 공 던진 사람도 공도
같은 속도로 움직이고 있기 때문이죠.
등속으로다가요.
또 등속 타령.
KTX 타서 공 던져봐요. 그럼 알 수 있어요.

그리고 조수 현상도 관성과 운동의 상대성으로 설명했습니다.

밀물과 썰물이 왜 생기는지 알아요?
물고기들이 바닷물을 먹었다 뱉었다 해서 생기는 거 아냐?
잘 봐요. 지구가 이렇게 돌죠?
안 돈다니까.

그는 지구가 자전함과 동시에 공전하기 때문에 공전과 자전 방향이 같을 때와 반대일 때 운동이 상대적으로 나타난다고 보았습니다.

여기서는 지구 공전운동과 자전운동이 합해지죠?
그런데 여기서는 공전운동에서 자전운동이 빠지잖아요?

사실 조수 현상이 나타나는 것은 지구와 달 간의 만유인력 때문이지만,

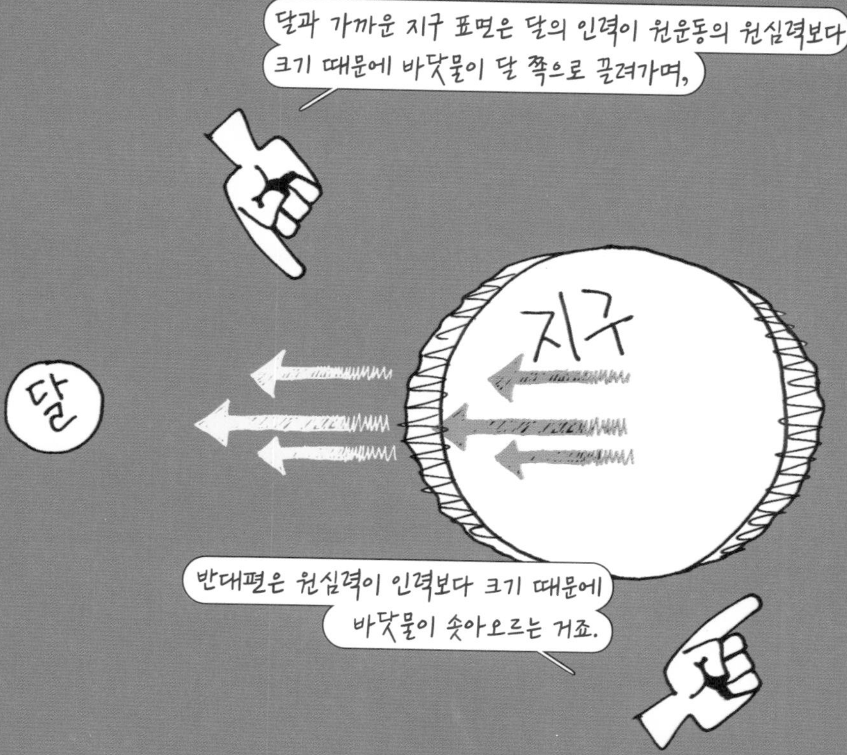
달과 가까운 지구 표면은 달의 인력이 원운동의 원심력보다 크기 때문에 바닷물이 달 쪽으로 끌려가며,
지구
달
반대편은 원심력이 인력보다 크기 때문에 바닷물이 솟아오르는 거죠.

갈릴레이는 바닷물을 운동하고 있는 지구에 실은 화물처럼 생각했던 겁니다.

화물을 싣고 가던 지구의 속도가 바뀌면 어떻게 되겠어요?
화물이 솟구치겠죠?

이런 연구 성과들을 1632년에 발간한《두 우주 체계에 관한 대화》에 담았지만 가톨릭교회와 교황청은 책 내용이 유해하다며 금서로 지정했고 갈릴레이를 가택 연금 해버린 거죠.

그는 가택 연금 중에도 의지를 굽히지 않고 실험과 연구를 계속했고, 관성과 운동에 관한 실험 결과를 기록한 자신의 마지막 책 《새로운 두 과학》을 1638년에 발표했습니다.

교황님! 갈릴레이가 또 책 냈답니다.
집 밖에만 못 나오게 해라.

갈릴레이는 중력을 좀 더 진지하게 다루지 못한 면이 있고
가속도를 낙하운동에 한정시키기는 했지만,
운동역학을 다루는 학문이 따로 없었던 과학의 과도기에
실험으로 물리학의 기초를 다진 최초의 인물입니다.
그리고 그가 세상을 떠난 1642년
아이작 뉴턴이 태어났습니다.

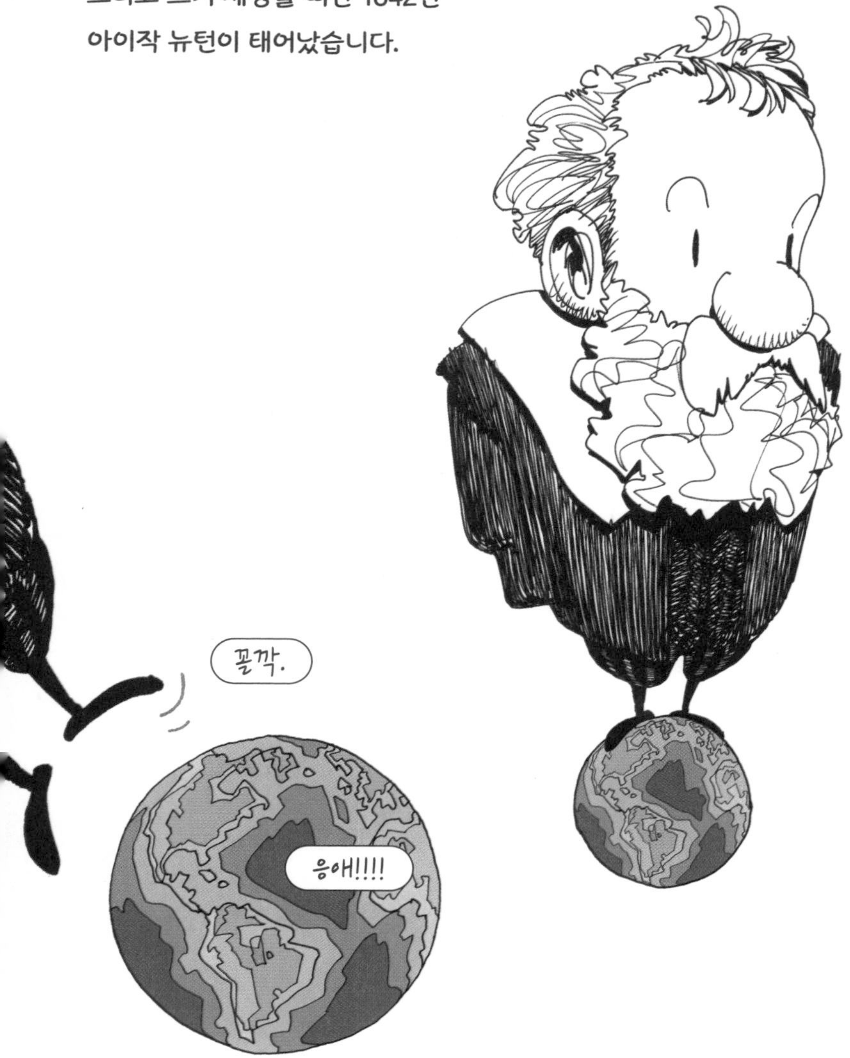
꼴깍.
응애!!!!

다음 세대에 등장한 뉴턴이 위대한 지식의 탑을 세우고 나서,
자신은 과거 위대한 거인들의 어깨에 올라탔을 뿐이라고 말했을 때,
그중 가장 든든하고 커다란 거인은 분명 갈릴레이였을 겁니다.

아니면 누구겠어요?

# 10

# 실험은 성공적이었다

## 프랜시스 베이컨

Francis Bacon (1561~1626)

영국의 철학자이자 정치인이다. 근대 초반까지 이어지던 논리와 추론을 통한 과학의 문제점을 지적하고 실험과 관찰을 통한 귀납법을 새로운 연구 방법의 기초로 삼아야 한다고 주장했다.

코페르니쿠스, 케플러, 갈릴레이 같은

선구자들이 새로운 발견과 주장을 펼친 후에도

유럽의 학문은 여전히 아리스토텔레스 방식의

지식 체계에 의존하고 있었습니다.

그즈음 과학의 새로운 틀을 짜서

학문의 위대한 부흥을 꾀하겠다는

야심찬 기획을 들고나온 사람이

바로 프랜시스 베이컨이었습니다.

영국의 엘리자베스 1세와 제임스 1세 재위 시절,
법률가이자 정치가였던 프랜시스 베이컨은
과학사를 기술할 때에도 비중 있게 다루어지는 인물입니다.

나, 대법관도 지냈고 국새를 보관하는
국새상서라는 왕정 고위직에까지 올랐었다.
과학자 맞아?
글쎄다.
HISTORY of SCIENCE

**하지만 그는 코페르니쿠스처럼 천체에 관한 새로운 지식을 발표한 적도, 케플러나 갈릴레이처럼 의미 있는 법칙을 발견한 적도 없습니다.**

케플러 법칙 알지?
나, 지동설 주장했지.
댁은 뭐 했어?
글쎄올시다.

그럼에도 베이컨이라는 이름이 과학사에서 부각되는 이유는
지식의 세계를 향해 그가 제안했던 과학의 새로운 방법론 때문입니다.

그것은 실험과 관찰!

오늘날 우리가 어떤 이론이나 주장의 진위를 판별하고자 할 때,
가장 믿을 만한 근거로 삼는 것은 누가 뭐라 해도 과학적 지식이며,

당신이 범인이라는 과학수사연구소의 증거 결과가 나왔어!
그렇다면 제가 범인이 확실합니다!

보편적인 과학 지식을 지탱하는 필수 요소는 '실험'과 '관찰'입니다.

과학에서 제대로 된 실험과 관찰을 빼고 나면 뭐가 남겠나?
연구비가 남습니다.

그런데 유럽 사회에서 실험과 관찰이 올바른 지식 확립을 위한 방법으로 인정받은 지는 불과 500년 정도에 지나지 않습니다.

그럼 그때까지 학자들은 어떻게 연구했나?
책에 씌어 있는 걸 근거로 추론하고 해석했지.
무슨 책?
아리스토텔레스.
!

물론 오래전부터 연금술사나 기계 장인에 의해 각종 실험들이 행해져 왔지만
대학 같은 제도권 지식 사회에서는 공인받지 못했습니다.

선생님, 옆 동네에서 누가 오줌을 태우고 말려서 인을 발견했다는데요?
책 보다 말고 그런 더러운 소리 할래?

르네상스와 근대 과학의 태동기까지 자연철학을 포함한 모든 지적 활동에서 존중되었던 방법은 오직 논리와 추론뿐이었습니다.

삼단논법 알지?
예!
1
사람은 때 되면 다 죽지?
예!
2
너, 사람이지?
예!
3
그러니까 너도 때 되면 죽는다.

보편적인 원리나 상식으로 개별 지식들을 논증하는 방법이었던 거죠.

1
암!
맨 처음 명제가 진리라면 나머지는 다 추론이 가능하다는 말씀이네요?
그럼 처음 명제가 반드시 옳다는 건 어떻게 증명해요?
논리로 증명하지.
2
3
논리의 쳇바퀴네요.

**고대부터 자연철학자들은 논리에 근거해 주장을 펼쳤고 반대 의견을 논박했으며 논리에 입각한 연역* 체계로 세계관을 구축했습니다.**

* **연역**
일반적인 사실이나 원리를 전제로 하여 개별적인 사실이나 원리를 이끌어 내는 과정. 그에 비해 귀납은 개별적인 사실이나 원리로부터 일반적인 명제 및 법칙을 유도해 내는 것을 말한다.

SATVRNI
IOVIS
MARTIS
SOLIS
VENEWS
MERCVRII
자! 사람 사는 지구가 우주의 중심이지?
화성은 지구가 아니지?
그러니까 화성도 지구를 중심으로 도는 거야.
아따, 이렇게 착착 잘 들어맞는데,
지구가 중심이 아닐 거라고 누가 의심하겠어?

경험에서 수집되는 사실을 주목하기보다 사물과 현상의 원인을 추론하는 것을 올바른 학문의 태도로 여겼죠.

확실한 근본 하나만 찾아 세우면
만사 다 형통인 거야.
그럼!
아무렴!

그런 전통은 중세에도 이어졌습니다. 위대한 신학의 교부 토마스 아퀴나스가 기독교 교리를 정립하는 기본 바탕으로 아리스토텔레스 세계관을 채택했기 때문입니다.

내가 봤을 때, 아리스토텔레스가
젤로 거시기 혀!
Thomas Aquinas
아무렴!

자연철학이 신학의 시녀로 봉사하는 동안 아리스토텔레스 체계는 모든 학문 분야를 지배하는 규율이었지만 베이컨은 그 점이 무척이나 못마땅했습니다.

만학의 아버지께 경례!
저건 인간 지성의 발전을
가로막는 걸림돌이야.

그는 과학 지식이 인간의 삶을 실질적으로 개선하기 위해서는 기존의 관습이나 편견을 학문의 영역에서 그대로 답습하는 우를 범하지 말아야 한다고 생각했고,

새로운 지식이 생겨나기 위해선 권위에 얽매이지 않아야 해.
그렇게 심한 막말을···.

1620년에 쓴 저서 《신 오르가논》에서 지성의 발전을 저해하는 네 가지 요인을 '우상'이라는 이름으로 비판하며 경고했습니다.

개인적 주관과 선입견.
동굴의 우상
종족의 우상
지각과 이성의 한계로 인한 인간 본연의 편견.
사람들 사이 언어 소통의 문제로 인해 생기는 폐단.
시장의 우상
그릇된 학문의 권위와 논증의 오류.
극장의 우상

베이컨은 자연철학이 우상의 폐단에 머물지 않기 위해서는 현실에서 일어나는 다양한 경험을 적극적으로 수집해야 한다고 보았고, 그 방법으로 실험과 관찰을 내세웠습니다.

세상의 모든 것을 관찰하고 실험하면서
낱낱이 기록해야 한다.
뭐 하려고?
데이터베이스 구축이랄까?

이것은 그동안 마법사들과 기계 장인들이 행해오던 방법이었습니다.

물질의 특성을 분석하고 연관성을 찾아내려면, 마법사들이 쓴 실험 도구와 기술을 학자들도 써야 해.
학자더러 연장을 들라고?

베이컨은 길버트가 자석 실험을 하고 베살리우스가 인체를 해부하면서 새로운 과학적 성과들을 이끌어낸 것처럼, 실험과 관찰을 필수 과정으로 공식화할 것을 제안했습니다.

실험해 봤더니 지구는 자석이다!
째봤더니 볼 게 많다!
음지에서 행해지는 마법과
천대받는 장인 기술을 양성화합시다!

그것은 아리스토텔레스 체계를 근본에서부터 뒤집어
학문의 새로운 틀을 짜야 한다는 야심찬 기획이었습니다.

단지 배우고 익히기만 해서 뭐 합니까?
아는 것이 힘이 되려면 지식을
캐는 법을 바꿔야 합니다.
이런 배워먹지 못한 자를 봤나?

《신 오르가논》에서 기존 논리학의 근간인 연역법의 한계도 지적했습니다.

삼단논법? 웃기시네!
대전제로부터 파생된 개별 사례들 중
오류가 하나라도 발견되면 어쩔 거야?
논증 자체가 송두리째 흔들리지 않겠어?
머릿속에서만 맴돌면 그게 참된 학문이오?
너 잘났다.

베이컨은 귀납법을 새로운 자연과학 연구 방법의 기초로 삼아야 한다고 주장했습니다.

몸소 경험한 것들을 소중히 여깁시다!
다양한 경험
사례 수집
기록 비교 분석
교차 검증
보편적 지식으로 확증
내 연역법 체계를 뒤집어 놓은 거 아냐?

실험과 관찰에서 얻는 정보를 종합해서 보편적인 지식에 도달한다는 오늘날 과학의 기초가 바로 그의 기획에서 비롯된 것입니다.

결론은 못 내고 검증만 하며
세월 보내지는 않을까 걱정이네.
잘될지 어디 두고 보자고.
흥!

아울러 연구가 독단으로 치우치지 않기 위해 더 많은 사람이 협업하고 검증에 참여하는 과학 공동체 설립을 제안했습니다.

과학 연구 기관 같은 거죠.
물론 나라에서 팍팍 지원해 주면 좋죠.
잘난 사람들 모여서 잘난 척하는데,
그중에서 제일 잘난 너를 믿어달라는 거지?

베이컨은 소설 《새로운 아틀란티스》에서 그런 이상을 밝혔습니다. 소설 속에서 과학자들이 함께 모여 실험하고 연구 활동을 보장받는 곳을 일컬어 '솔로몬의 집'이라 칭하고, 나라의 중심으로 삼은 것이죠.

전하, 이것은 과학의 위대한 부흥을 위한 획기적인 아이디어입니다.
솔로몬처럼 현명하시니까 제 말 알아들으실 겁니다.
못 알아듣고 무시하련다.
James I

그 꿈은 생전에 이루어지지 못했지만 훗날 왕립학회를 설립한 과학자들은 베이컨의 정신을 계승한다는 데 모두 공감했습니다.

우리의 롤모델은?
베이컨 형님!
제일 맛있는 건?
베이컨!

정치가로서는 도덕적인 문제와 부패 혐의로 구설수에 오르기도 했지만,
과학의 역사는 새 시대가 요구한 학문의 부흥을 꾀했고
귀납적 연구 방법론을 최초로 설계한 인물로 그의 이름을 기록하고 있습니다.

뇌물 받은 저 뻔뻔한 놈을 탑에 가둬라!
나는 위대한 이름으로 역사에 남을 것이다.
너의 전과 기록도 남을 거다.

그는 어느 추운 날, 잡은 닭의 뱃속에 눈을 채워 넣는 실험을 하다가 오한이 퍼져 합병증으로 목숨을 잃었습니다. 숨을 거두기 전 베이컨은 마지막 메모를 남겼습니다. "실험은 성공적이었다"라고.

고기의 신선도 유지 실험이었어.
남들은 천체의 공전 주기를 관측하는데 님은 닭을 잡으셨어?
나름 목숨을 건 실험이었다.

## 작가 노트

아들 녀석이 여덟 살 되던 해,

우주에는 태양계 말고도 수없이 많은 별들의 세계가 있다는 걸

어디에서 듣고는 자기만의 행성계를 만들고 이름을 붙였다.

흥얼대며 작은 수첩에 끄적여 창조된 또 하나의 우주.

세상 모든 아이들의 상상력을 합한 것과

우주의 크기 중 어느 것이 더 클까?

이 해답은 과학자도 모를 거다.

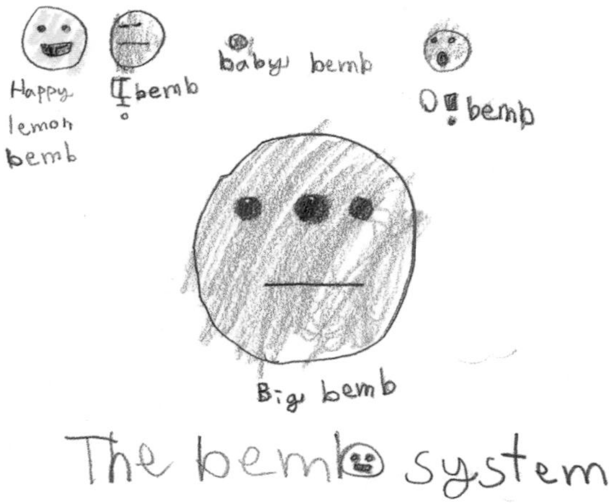


행성계 상상

2016. 1. 7. 여덟 살 율

## 이 책에 등장한 인물 및 주요 사건

B.C.460?~370?
**데모크리토스**
고대 원자론을 완성

B.C.384~322
**아리스토텔레스**
모든 학문 분야를 집대성

**100?~170?** 프톨레마이오스

965?~1040?
**이븐 알하이삼**
사람의 눈이 빛을 받아들이는
시각 현상 규명

1473~1543
**니콜라우스 코페르니쿠스**
1543년 근대 천문학의 기원이 된
《천체의 회전에 관하여》 출간

안드레아스 베살리우스 **1514~1564**

1544~1603
**윌리엄 길버트**
1600년 《자석에 관하여》 출간

1546~1601
**튀코 브라헤**
1573년 《새로운 별》에서
하늘은 불변한다는
아리스토텔레스 우주론에
대한 반기를 들음
1600년 튀코 브라헤와
요하네스 케플러의 만남

1561~1626
**프랜시스 베이컨**
1620년 기존의 논리학에
대항하는 귀납법을 주장

1564~1642
**갈릴레오 갈릴레이**
1610년 전통적 우주관을
정면으로 반박하는
《시데레우스 눈치우스》 출간

1571~1630
**요하네스 케플러**
1609년 《새로운 천문학》에서
케플러 제1법칙, 제2법칙 발표

# 이 책에 언급된 문헌들


| | |
|---|---|
| 66쪽 | 카를 마르크스(Karl Marx), 〈데모크리토스와 에피쿠로스 자연철학의 차이(The Difference Between the Democritean and Epicurean Philosophy of Nature)〉, 1902. |
| 99·100쪽 | 이븐 알하이삼, 《광학의 서(Book of Optics)》, 1011~1021. |
| 107쪽 | 이마누엘 칸트(Immanuel Kant), 《순수이성비판(Critique of Pure Reason)》, 1781. |
| 132쪽 | 니콜라우스 코페르니쿠스, 《첫 번째 보고(First Account of the Books on the Revolutions)》, 1540. |
| 135·138·139쪽 | 니콜라우스 코페르니쿠스, 《천체의 회전에 관하여(On the Revolutions of Heavenly Spheres)》, 1543. |
| 160쪽 | 튀코 브라헤, 《새로운 별(On the New Star)》, 1573. |
| 166쪽 | 튀코 브라헤, 〈새로운 천문학 입문(Introduction to the New Astronomy)〉, 1587~1588. |
| 192쪽 | 요하네스 케플러, 《우주 구조의 신비(Cosmographic Mystery)》, 1596. |
| 208·227쪽 | 윌리엄 길버트, 《자석에 관하여(On the Loadstone and Magnetic Bodies, and on the Great Magnet the Earth; a New Physiology, Demonstrated With Many Arguments and Experiments)》, 1600. |
| 231·233쪽 | 요하네스 케플러, 《새로운 천문학(New Astronomy)》, 1609. |
| 233쪽 | 요하네스 케플러, 《세계의 조화(Harmonies of the World)》, 1619. |
| 234쪽 | 요하네스 케플러, 《코페르니쿠스 천문학 개요(Epitome of Copernican Astronomy)》, |

1617~1621.

| | |
|---|---|
| **234쪽** | 요하네스 케플러, 《루돌프 목록(Rudolphine Tables)》, 1627. |
| **240·262·291쪽** | 갈릴레오 갈릴레이, 《두 우주 체계에 관한 대화(Dialogue Concerning the Two Chief World Systems)》, 1632. |
| **259쪽** | 갈릴레오 갈릴레이, 《시데레우스 눈치우스(별의 전령Sidereus Nuncius: The Sidereal Messenger)》, 1610. |
| **292쪽** | 갈릴레오 갈릴레이, 《새로운 두 과학(Discourses and Mathematical Demonstrations Relating to Two New Sciences)》, 1638. |
| **311·316쪽** | 프랜시스 베이컨, 《신 오르가논(The New Organon)》, 1620. |
| **320쪽** | 프랜시스 베이컨, 《새로운 아틀란티스(New Atlantis)》, 1627. |

## 참고 문헌


- 구인선, 《유기화학》, 녹문당, 2004.
- 김희준 외, 《과학으로 수학보기, 수학으로 과학보기》, 궁리, 2005.
- 낸시 포브스 외, 박찬 외 옮김, 《패러데이와 맥스웰》, 반니, 2015.
- 니콜라 찰턴 외, 강영옥 옮김, 《과학자 갤러리》, 윌컴퍼니, 2017.
- 데이비드 린들리, 이덕환 옮김, 《볼츠만의 원자》, 승산, 2003.
- 드니즈 키어넌, 김용현 옮김, 《Science 101 화학》, 이치사이언스, 2010.
- 래리 고닉, 전영택 옮김, 《세상에서 가장 재미있는 미적분》, 궁리, 2012.
- 랜들 먼로, 이지연 옮김, 《위험한 과학책》, 시공사, 2015.
- 루이스 엡스타인, 백윤선 옮김, 《재미있는 물리여행》, 김영사, 1988.
- 리언 레더만, 박병철 옮김, 《신의 입자》, 휴머니스트, 2017.
- 마르흐레이트 데 헤이르, 김성훈 옮김, 《과학이 된 무모한 도전들》, 원더박스, 2014.
- 마이클 패러데이, 박택규 옮김, 《양초 한 자루에 담긴 화학이야기》, 서해문집, 1998.
- 마크 휠리스 글, 래리 고닉 그림, 윤소영 옮김, 《세상에서 가장 재미있는 유전학》, 궁리, 2007.
- 박성래 외, 《과학사》, 전파과학사, 2000.
- 배리 가우어. 박영태 옮김, 《과학의 방법》, 이학사, 2013.
- 배리 파커, 손영운 옮김, 《Science 101 물리학》, 이치사이언스, 2010.
- 벤 보버, 이한음 옮김, 《빛 이야기》, 웅진지식하우스, 2004.
- 브렌다 매독스, 진우기 외 옮김, 《로잘린드 프랭클린과 DNA》, 양문, 2004.
- 사키가와 노리유키, 현종오 외 옮김, 《유기 화합물 이야기》, 아카데미서적, 1998.
- 송성수, 《한권으로 보는 인물과학사》, 북스힐, 2015.

- 아이뉴턴 편집부 엮음, 《완전 도해 주기율표》, 아이뉴턴, 2017.
- 아트 후프만 글, 래리 고닉 그림, 전영택 옮김, 《세상에서 가장 재미있는 물리학》, 궁리, 2007.
- 알프레드 노스 화이트헤드, 오영환 옮김, 《과학과 근대세계》, 서광사, 2008.
- 애덤 하트데이비스, 강윤재 옮김. 《사이언스》, 북하우스, 2010.
- 애덤 하트데이비스 외, 박유진 외 옮김, 《과학의 책》, 지식갤러리, 2014.
- 이정임, 《인류사를 바꾼 100대 과학사건》, 학민사, 2011.
- 정재승, 《정재승의 과학 콘서트》, 어크로스, 2003.
- 제임스 D. 왓슨, 하두봉 옮김, 《이중나선》, 전파과학사, 2000.
- 조지 오초아, 백승용 옮김, 《Science 101 생물학》, 이치사이언스, 2010.
- 존 M. 헨쇼, 이재경 옮김, 《세상의 모든 공식》, 반니, 2015.
- 존 그리빈, 김동광 옮김, 《거의 모든 사람들을 위한 과학》, 한길사, 2004.
- 존 헨리, 노태복 옮김, 《서양과학사상사》, 책과함께, 2013.
- 칼 세이건, 홍승수 옮김, 《코스모스》, 사이언스북스, 2006.
- 커트 스테이저, 김학영 옮김, 《원자, 인간을 완성하다》, 반니, 2014.
- 크레이그 크리들 글, 래리 고닉 그림, 김희준 외 옮김, 《세상에서 가장 재미있는 화학》, 궁리, 2008.
- Transnational College of Lex, 김종오 외 옮김, 《양자역학의 모험》, 과학과문화, 2001.
- 프랭크 H. 헤프너, 윤소영 옮김, 《판스워스 교수의 생물학 강의》, 도솔, 2004.
- 피트 무어, 이명진 옮김, 《관습과 통념을 뒤흔든 50인의 과학 멘토》, 책숲, 2014.
- 홍성욱, 《그림으로 보는 과학의 숨은 역사》, 책세상, 2012.

## 찾아보기

## ㅅ



## ㅇ

# 사이언스툰 과학자들 1

**1판 1쇄 발행일** 2018년 9월 27일
**2판 1쇄 발행일** 2023년 9월 25일
**2판 2쇄 발행일** 2024년 9월 2일

**지은이** 김재훈

**발행인** 김학원
**발행처** (주)휴머니스트출판그룹
**출판등록** 제313-2007-000007호(2007년 1월 5일)
**주소** (03991) 서울시 마포구 동교로23길 76(연남동)
**전화** 02-335-4422 **팩스** 02-334-3427
**저자·독자 서비스** humanist@humanistbooks.com
**홈페이지** www.humanistbooks.com
**유튜브** youtube.com/user/humanistma **포스트** post.naver.com/hmcv
**페이스북** facebook.com/hmcv2001 **인스타그램** @humanist_insta

**편집주간** 황서현 **편집** 박나영 **디자인** 박인규
**용지** 화인페이퍼 **인쇄** 삼조인쇄 **제본** 해피문화사

ⓒ 김재훈, 2023

ISBN 979-11-7087-048-7 04400
ISBN 979-11-7087-047-0 (세트)

• 이 책은 저작권법에 따라 보호받는 저작물이므로 무단 전재와 무단 복제를 금합니다.
• 이 책의 전부 또는 일부를 이용하려면 반드시 저자와 (주)휴머니스트출판그룹의 동의를 받아야 합니다.